U0269948

BIM 技术应用与培训系列教材

MagiCAD 基础及应用

华筑建筑科学研究院　组织编写

中国建筑工业出版社

图书在版编目(CIP)数据

MagiCAD 基础及应用/华筑建筑科学研究院组织编写. —北京：
中国建筑工业出版社，2016.10（2024.8 重印）
BIM 技术应用与培训系列教材
ISBN 978-7-112-20062-7

Ⅰ. ①M… Ⅱ. ①华… Ⅲ. ①建筑设计-计算机辅助设计-
AutoCAD 软件-技术培训-教材 Ⅳ. ①TU201.4

中国版本图书馆 CIP 数据核字(2016)第 263890 号

鉴于 MagiCAD 强大的 BIM 机电设计功能，Revit（Autodesk 公司系列软件）
有着强大的 BIM 建筑设计功能，本书采用基于 AutoCAD 平台的 MagiCAD（即
MagiCAD for AutoCAD）做好的机电模型与 Revit 做好的建筑结构模型相配合的
方式，以广联达大厦一期项目图纸为例，利用 MagiCAD for AutoCAD 完成建筑机
电管线综合深化设计的软件操作和设计流程。

本书共 6 章，第 1 章主要介绍项目管理体系建立的概念和方法；第 2 章、第 3
章、第 4 章主要介绍利用 MagiCAD 风、水、电模块完成机电各专业模型建立的流
程和操作方法；第 5 章主要介绍多专业协同设计的流程和操作方法；第 6 章主要
介绍利用 MagiCAD 进行成果交付的多种形式。通过深入浅出的介绍，可帮助读者
基本掌握多专业跨软件协同设计实操的同时，还让读者了解到建筑机电管线综合
深化设计的流程方法。

本书可作为设计企业、施工企业、房地产开发企业中 BIM 机电从业人员和 BIM
爱好者的自学用书，也可以作为工业与民用建筑机电相关专业院校的教学用书。

责任编辑：牛　松　李笑然
责任设计：谷有稷
责任校对：李美娜　赵　颖

BIM 技术应用与培训系列教材
MagiCAD 基础及应用
华筑建筑科学研究院　组织编写
*
中国建筑工业出版社出版、发行（北京西郊百万庄）
各地新华书店、建筑书店经销
北京科地亚盟排版公司制版
北京中科印刷有限公司印刷
*
开本：787×1092 毫米　1/16　印张：12½　字数：309 千字
2017 年 1 月第一版　　2024 年 8 月第二次印刷
定价：**35.00** 元
ISBN 978-7-112-20062-7
(29291)

BIM 技术应用与培训系列教材
编写委员会

《MagiCAD 基础及应用》编写委员会

总 序

BIM 技术作为信息化技术的一种，正在逐步改变着人类的建筑观，深刻影响着工程建设行业的生产管理模式，对工程建设行业的重新布局起着至关重要的作用。BIM 技术的应用使工程项目管理在信息共享、协同合作、可视化管理、数字交付等方面变得更加成熟高效。

当前，我国的建筑业正面临着转型升级，BIM 技术会在这场变革中起到关键作用，成为工程建设领域实现技术创新的突破口。在住房和城乡建设部颁布的《2016～2020 年建筑业信息化发展纲要》和《关于推进建筑信息模型应用指导意见》以及各省市行业主管部门关于推广 BIM 技术应用的指导意见中均明确指出，在工程项目规划设计、施工建造以及运维管理过程中，要把推动建筑信息化建设作为行业发展的首要目标。这标志着我国工程项目建设已全面进入信息化时代，同时也进一步说明了在信息化时代谁先掌握了 BIM 技术，谁就会最先占领工程信息化建设领域的制高点。因此，普及和掌握 BIM 技术并推动其在工程建设领域的应用是实现建筑技术转型升级，提高建筑产业信息化水平，推进智慧城市建设的基础和根本，同样也是我们现代工程建设人员保持职业可持续发展的重要关切。

北京华筑建筑科学研究院是国内第一批专业从事 BIM 咨询、培训、研发和企业应用探索的研究机构。研究院由建设部原总工许溶烈先生任名誉院长，集结了一批用新理论、新方法、新材料来发展和改革建筑业面貌的一批有志之士，从 2008 年就开始在香港示范应用 BIM 技术。团队由北京工业大学、清华大学、同济大学等高校的 BIM 专家学者提供最前沿的技术指导，全心致力于研究和推广 BIM 技术在工程建设行业与计算机技术的融合应用，目标是为客户提供具有价值的共赢方案。

华筑 BIM 系列丛书是由北京华筑建筑科学研究院特邀国内相关行业专家、BIM 技术研究专家和 BIM 操作能手等组成 BIM 技术与技能培训教材编委会，针对 BIM 技术应用组织编写的。该系列丛书主要包含三个方面：一是介绍相关 BIM 建模软件工具的使用功能和建模关键技术；二是介绍 BIM 技术在建筑全生命周期中的应用分析与业务流程；三是阐述 BIM 技术在项目管理各阶段的协同应用。

本套丛书是华筑 BIM 系列丛书之一，主要从 BIM 建模技术操作层面进行讲解，详细介绍了相关 BIM 建模软件工具的使用功能和在工程项目各阶段、各环节和各系统建模的关键技术。包含四个分册：《Revit Architect 建模基础及应用》；《Revit MEP 建模基础及应用》、《MagiCAD 基础及应用》和《NavisWorks 基础及应用》。丛书完全按实际工作流程编写，可以作为各类设计企业、施工企业以及开发企业等希望了解和快速掌握 BIM 设计基础应用用户的指导用书，也可以作为大中专院校相关专业的参考教材。

最后，感谢参加丛书编写的各位编委们在极其繁忙的工作中抽出时间撰写书稿所付出的大量工作，以及感谢社会各界朋友对丛书的出版给予的大力支持。书中难免有疏漏之处，恳请广大读者批评指正。

华筑 BIM 系列丛书编委会主任
赵雪锋
2016 年 8 月 1 日于北京比目鱼创业园

前　言

　　MagiCAD 是一款应用于建筑设备行业的三维工程设计软件，适用于采暖、建筑给水排水、通风、电气设计以及三维建筑建模。

　　MagiCAD 由芬兰普罗格曼（Progman Oy）有限公司所研发，该公司从 1983 年成立之初就一直专注于包含信息的三维机电设计，也就是在 2002 年 BIM 概念被正式推出之前，就早已开始"BIM"机电设计的研究，是 BIM 机电软件的先驱者；MagiCAD 在欧洲地区市场占有率达 90％，2008 年第一版中文版正式发布，到目前为止，已被大量的施工单位和设计院所采用，是 BIM 机电软件的引领者。

　　MagiCAD 是全球第一版机电设备行业支持双平台（AutoCAD&Revit）的 BIM 软件，尤其是基于 AutoCAD 平台运行的 MagiCAD 版本，被广大的用户所青睐，深受用户好评。除了具备常规 BIM 软件特点外，有着其独特的价值和优势，主要如下：

　　➤ 基于主流 AutoCAD 平台，并且与 AutoCAD 深度融合，大大缩短掌握与普及的时间（低成本投入）。

　　➤ 最大限度和现有资源结合，如利用现有或者厂家（如水泵、阀部件厂家）提供的 AutoCAD 图块以及任意的三维 DWG 模型（如支吊架厂家和机场传送带设计厂家提供的模型）。

　　➤ 与 AutoCAD 深度融合，可以通过 MagiCAD 的 BIM 模型迅速生成符合标准（包括但不限于图标、线型、遮挡、标注）的施工图、深化图、详图、系统图的功能。

　　➤ 生成的 BIM 模型体积小，便于整体处理；需要时也可按照 DWG 图纸进行灵活拆分，模型中的信息通过 MagiCAD 项目管理文件保存和处理，对于模型拆分与否没有影响。

　　➤ 对于电脑和局域网的配置要求低，适合实际设计和施工现场深化需要，只要满足 AutoCAD 2010 或以上版本的硬件配置要求即可。

　　➤ MagiCAD 生成的模型可直接交付施工单位，由施工单位自行修改和调整，是真正可用的 BIM 模型。

　　➤ 简单明了的文件夹和 DWG 图纸保存标准为基础的协同工作流程，便于操作和执行。

　　➤ 拥有庞大的真实产品数据库，并配有灵活、开放的，用户可自定义的通用设备库功能，完全符合"三维外形与信息参数相结合"的 BIM 技术要求，支持三维空间漫游和精准专业计算。

　　➤ 专业的、用户可控边界条件的计算功能，管径自动选择、系统压力平衡校核、阀门开度和系统运行工况模拟，经权威设计院（浙江省建筑设计研究院）验证，计算结果完全符合国家规范。

　　➤ 充分本地化的、灵活的项目模板，全面集合机电专业从设计到施工、运维环节所需参数及项目相关信息，用户可自定义。

➤ 可与各种主流三维专业建模软件兼容，在 AutoCAD 平台上进行便捷的碰撞检测以及生成综合剖面图等操作，如 CATIA、犀牛、迈达斯（钢结构）、ArchiCAD、SketchUp、Revit、Navisworks 等。

➤ 针对机电专业开发的产品编辑器，包含用户自定义、编辑、添加新产品功能，文件体量小，将产品构件的三维外形与设计参数（如便捷定义流量与压力损失关系曲线）在 AutoCAD 平台上进行完美整合。

➤ 2014 年 Progman Oy 被广联达软件股份有限公司收购之后，MagiCAD 可以与广联达系列软件进行很好的配合，如可以把 MagiCAD 模型直接导入广联达安装算量 GQI 软件，快速生成符合国内规范要求的清单量。

鉴于 MagiCAD 强大的 BIM 机电设计功能，Revit（Autodesk 公司系列软件）有着强大的 BIM 建筑设计功能，本教程将采用基于 AutoCAD 平台的 MagiCAD（即 MagiCAD for AutoCAD）做好的机电模型与 Revit 做好的建筑结构模型相配合的方式，以广联达大厦一期项目图纸为例，进行 MagiCAD for AutoCAD 的功能介绍。

目　录

第1章 项目管理体系建立实训

【能力目标】

1. 能够依据图纸熟悉项目整体专业组成。
2. 能够依据图纸建立合理的项目文件夹体系。
3. 能够掌握项目各专业 MagiCAD 项目文件的建立。

1.1 项目文件夹体系的建立

1.1.1 任务说明

按照办公大厦给水排水施工图，完成以下工作：

1. 项目组成

项目单位工程、分部工程、专项工程组成。主要查看项目楼体组成、每个楼体由哪些专业组成以及楼体与楼体之间的位置关系。

2. 项目文件夹体系的建立

根据项目组成，合理进行项目文件夹体系的建立。文件夹的建立要便于文件的查看、归类及存档。

1.1.2 任务分析

1. 项目组成

该项目只有一个单体建筑"广联达办公大厦"组成，包含给水排水专业、采暖专业、电气专业、通风专业、建筑结构专业等。

2. 项目文件夹体系的建立

根据项目组成以及原设计图纸划分，进行文件夹体系建立时，项目文件夹内最少需要包含以下文件夹"采暖、电气、给水排水及消防、建筑及结构、通风及排烟"。

除此之外，由于我们进行的是二次深化设计，需要参照原设计二维图纸进行三维深化，建议增加"参照"文件夹用于存放原设计二维图纸。机电深化设计，一般还需要有综合图，所以建议增加"综合"文件夹用于存放综合图。

根据需要还可以再新建其他文件夹，比如根据文件格式，建立"JPEG、NWC、WMV、IFC"等文件夹，分别用于存放项目实施过程中需要导出的图片文件、Naviseworks 文件、视频文件、与其他软件协同用的 IFC 文件等。

项目文件夹体系的建立，没有固定的格式。但是文件夹体系一旦建立，切忌随意更改项目文件夹内文件名称以及位置。

广联达办公大厦
　采暖
　参照
　电气
　给排水及消防
　建筑及结构
　通风及排烟
　综合

图 1-1

1.1.3　任务实施

根据广联达办公大厦项目情况，新建项目文件夹体系，如图 1-1 所示。

备注："参照"文件夹下也可以继续建立专业子文件夹，如：

(1)"广联达办公大厦"项目文件夹；

(2)"采暖"、"电气"、"给水排水及消防"、"建筑及结构"、"通风及排烟"三维专业图文件夹；

(3)"参照"：二维建筑底图文件夹；

(4)"综合"：综合图文件夹；

1.2　MagiCAD 项目文件的建立

1.2.1　任务说明

MagiCAD 项目文件，是应用 MagiCAD 软件的核心文件。我们在应用 MagiCAD 软件进行机电深化设计时，几乎用到的所有的信息都来自于该文件，比如管材、管径、系统、构配件、设备、计算规则等。

如果没有 MagiCAD 项目文件，或者我们的图纸文件（DWG 文件）没有和 MagiCAD 项目文件发生关联，那么我们就无法利用 MagiCAD 项目文件里的这些信息，也就无法进行和 MagiCAD 相关的几乎任何操作。

所以我们需要进行 MagiCAD 项目文件的建立。

1.2.2　任务分析

MagiCAD 项目文件分为三类，分别是：①MagiCAD HPV 项目文件，包含风、水专业相关信息；②MagiCAD-E 项目文件，包含电气专业相关信息；③MagiCAD-R 项目文件，包含建筑结构专业相关信息。所以我们在进行 MagiCAD 项目文件建立的时候，需要分别针对以上三类文件进行建立。

一个项目的信息源以及管理源应该是一致的，就像一个项目只能有一个项目总承包管理方一样，所以针对一个项目，其 MagiCAD 项目文件也应该是一致的，只能有一套。

项目与项目之间有其共同性和差异性。共同性体现在都会有楼层、系统、管材等这些信息，差异性体现在不同的项目楼层的层数、系统的种类和名称等可能是不一样的。所以为了规范、高效、便捷，我们在新建项目的 MagiCAD 项目文件的时候需要基于 MagiCAD 项目样板文件来新建，并且也可以基于类似项目的 MagiCAD 项目文件来新建。

1.2.3　任务实施

1. MagiCAD HPV 项目文件、MagiCAD-E 项目文件和 MagiCAD-R 项目文件的建立

(1) MagiCAD HPV 项目文件的建立步骤如下：

1) 单击桌面文件夹"MagiCAD \ MagiCAD for AutoCAD-Utilities"下的 Edit HP&V Project，

打开"MagiCAD HPV 项目管理"编辑器，如图 1-2 所示。

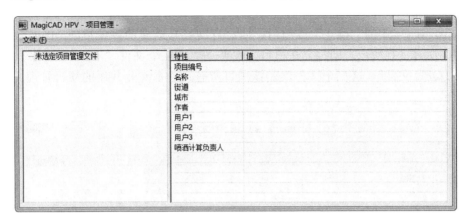

图 1-2

2）在"MagiCAD HPV 项目管理"编辑器中单击"文件"菜单，在下拉菜单中单击"新建项目"选项，打开"MagiCAD HPV-新建项目"对话框，如图 1-3、图 1-4 所示。

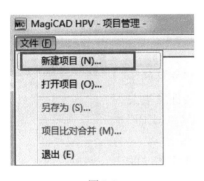

图 1-3

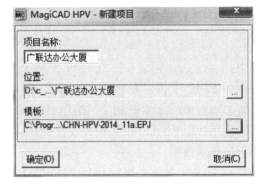

图 1-4

图 1-4 中需要注意的是：

①"项目名称"：指的是要新建的 MagiCAD HPV 项目文件的文件名称，建议就写项目的项目名称。

②"位置"：指的是要新建的 MagiCAD HPV 项目文件的保存路径，建议直接保存在项目文件夹下，而不是专业文件夹下。原因：a. 该文件是该项目所有风、水共用的 Magi-CAD 项目文件，而风、水相关专业一般是有各自专业文件夹的，所以从文件管理合理性角度考虑，把其放在任何一个专业文件夹下是不合适的；b. 将来所有风、水的三维专业图纸都需要和该文件发生关联，之后才能使用 MagiCAD HPV 相关的所有功能，所以从软件操作的角度考虑，把其放在任何一个专业文件夹下也是不利于操作的。

③"模板"：指的是要新建的 MagiCAD HPV 项目文件要基于一个什么样的模板文件来建立。一般选择路径为"C:\ProgramData\MagiCAD\Templates\MagiCAD HPV\CHN"下的"CHN-HPV-2014_11a. EPJ"文件作为模板文件，该模板文件是 MagiCAD 软件自带的针对中国本地化的 HPV 项目文件模板，当然也可以选择其他 HPV 项目文件作为模板文件，比如曾经做过的类似项目的 HPV 项目文件；建议提前通过桌面文件夹

"MagiCAD \ MagiCAD for AutoCAD-Utilities"下的 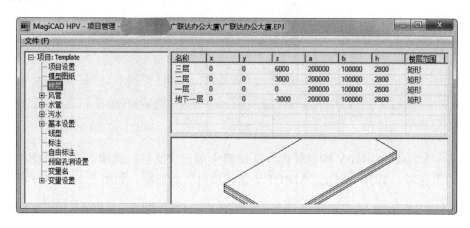 MagiCAD User Settings 设定好该模板文件，这样该模板路径下的项目文件可以一次设定，永久生效，不需要每次都重复操作。

3）单击图 1-4 中的"确定"按钮后，即会自动打开新建的该项目的 MagiCAD HPV 项目文件，如图 1-5 所示。同时会在项目文件夹下生成三个文件"∗.EPJ 文件、∗.LIN 文件、∗.QPD 文件"，这三个文件就是该项目所有风、水专业共用的项目管理文件，如图 1-6 所示。

图 1-5

其中：

①"∗.EPJ"文件：是该项目 MagiCAD HPV 项目文件的主文件，将来所有风、水专业相关三维图纸都需要和该文件发生关联，才能使用 MagiCAD HPV 相关软件操作以及利用"∗.EPJ"文件内所包含的数据。

②"∗.LIN"文件：是该项目 MagiCAD HPV 项目文件的线型文件，类似 AutoCAD 自有的线型文件，将来 MagiCAD 风、水专业管线使用线型都来自于该文件，当然也可以通过该文件添加自定义线型。

③"∗.QPD"文件：是该项目 MagiCAD HPV 项目文件的产品库文件，将来 MagiCAD 风、水专业使用的产品文件比如阀门、风口、风机等都来自于该文件，该文件内所包含的产品均来自于 MagiCAD 软件所带的产品库文件（本地文件夹"C：\Pro-gramData\MagiCAD\Product"内的产品库文件以及 MagiCAD 云端服务器的产品库文件）。

图 1-6

（2）MagiCAD-E 项目文件的建立步骤如下：

1）单击桌面文件夹"MagiCAD\MagiCAD for AutoCAD-Utilities"下的 Edit Electrical Project，打开"MagiCAD-E-项目管理"编辑器，如图 1-7 所示。

2）单击"MagiCAD-E-项目管理"编辑器中的"文件"菜单，在下拉子菜单中单击"新建项目"选项，如图 1-8 所示。

3）在弹出的"MagiCAD-E-选择项目名称"对话框中指定保存位置并对文件名进行命名，如图 1-9 所示。

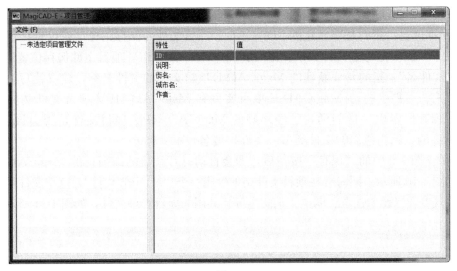

图 1-7

图 1-8

图 1-9

图 1-9 中需要注意的是：

① 保存位置：指的是要新建的 MagiCAD-E 项目文件的保存路径，建议直接保存在项目文件夹下，而不是专业文件夹下。原因：同 MagiCAD HPV 项目文件保存位置原因。

② "文件名"：指的是要新建的 MagiCAD-E 项目文件的文件名称，建议就写项目的项目名称。有人可能会担心 MagiCAD-E 项目文件和 MagiCAD HPV 项目文件文件名称一样，如果保存位置也一样的话，已经建好的 MagiCAD HPV 项目文件是否会被覆盖掉？这个是不会的，因为他们的文件类型（文件扩展名）不一样。

4) 单击图 1-9 中的"保存"按钮后，即会自动打开新建的该项目的 MagiCAD-E 项目文件，如图 1-10 所示。同时会在项目文件夹下生成一个"＊.mep 文件"，这个文件就是该项目所有电气专业（比如强电、弱电、消防电等）共用的项目管理文件，如图 1-11 所示。

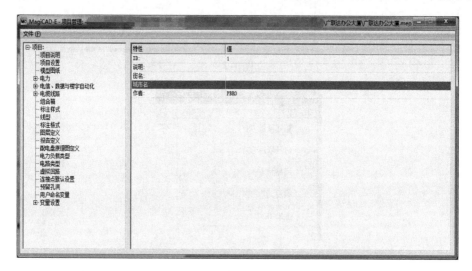

图 1-10

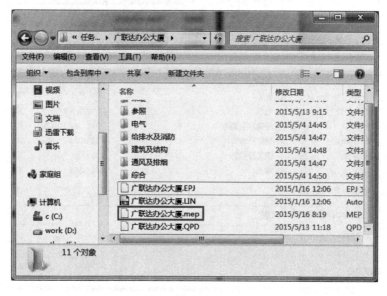

图 1-11

至此，该项目 MagiCAD-E 项目文件建立完毕。

（3）MagiCAD-R 项目文件的建立步骤如下：

1）单击桌面文件夹"MagiCAD\MagiCAD for AutoCAD-Utilities"下的 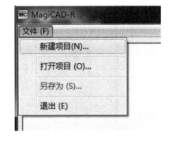 Edit Room Project，打开"MagiCAD-R"编辑器，如图 1-12 所示。

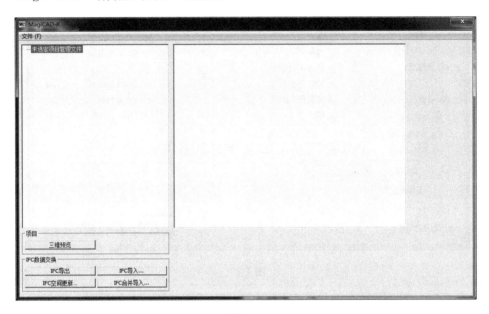

图 1-12

2）单击"MagiCAD-R"编辑器中的"文件"菜单，在下拉菜单中单击"新建项目"选项，如图 1-13 所示。在弹出的"MagiCAD-R-新建项目"对话框中指定保存位置并对文件名进行命名，如图 1-14 所示。

图 1-14 中需要注意的是：

① 保存位置：指的是要新建的 MagiCAD 智能建模项目文件的保存路径，建议直接保存在项目文件夹下，而不是专业文件夹下。原因：同 MagiCAD HPV 项目文件保存位置原因。

图 1-13

②"文件名"：指的是要新建的 MagiCAD 智能建模项目文件的文件名称，建议就写项目的项目名称。有人可能会担心 MagiCAD 智能建模项目文件与 MagiCAD-E 项目文件及 MagiCAD HPV 项目文件文件名称一样，如果保存位置也一样的话，已经建好的 Magi-CAD HPV 项目文件是否会被覆盖掉？这个是不会的，因为他们的文件类型（文件扩展名）不一样。

3）单击图 1-14 中的"保存"按钮后，即会自动打开新建的该项目的 MagiCAD 智能建模项目文件，如图 1-15 所示。同时会在项目文件夹下生成一个"＊.MRD 文件"，这一个文件就是该项目所有建筑结构专业共用的项目管理文件，如图 1-16 所示。

至此，该项目 MagiCAD 智能建模项目文件建立完毕。

2．项目各专业 MagiCAD 项目文件楼层的设定

每个项目都会有自己相对应的楼层和层高，所以我们需要进行楼层的设定，下面就是

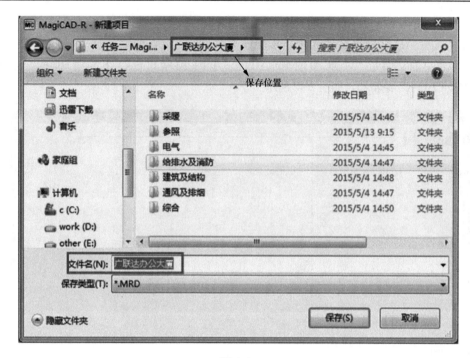

图 1-14

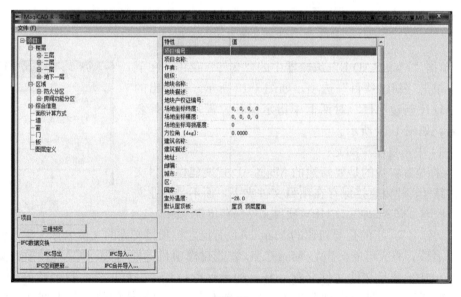

图 1-15

关于各个专业 MagiCAD 项目文件楼层的设定。

（1）HPV 项目文件楼层的建立

1）单击桌面文件夹"MagiCAD \ MagiCAD for AutoCAD-Utilities"下的 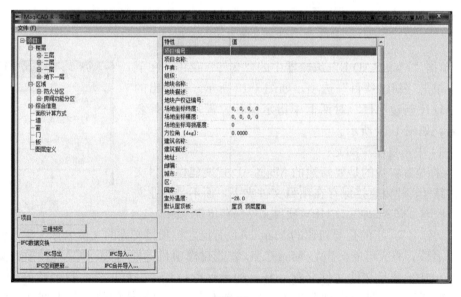 Edit HP&V Project，打开"MagiCAD HPV-项目管理"编辑器。

2）在"MagiCAD HPV-项目管理"编辑器中"文件"下拉菜单中单击"打开项目"选项（见图 1-17）。在弹出的"MagiCAD"对话框中单击"广联达办公大厦 . EPJ"，单击

图 1-16

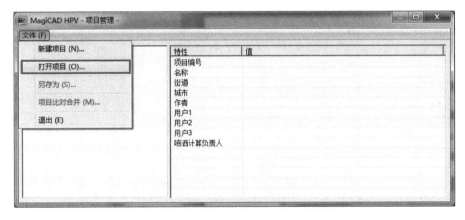

图 1-17

"打开"按钮,打开该项目 MagiCAD HPV 的项目文件,也就是风、水专业共用的 Magi-CAD 项目文件,如图 1-18 所示。

图 1-19 即为打开的该项目的 MagiCAD HPV 项目文件,通过单击左侧列表框中的"楼层",可以查看该项目文件内楼层的信息。

如图 1-19 所示,共有四个楼层,四层的名称分别是"地下一层"、"一层"、"二层"、"三层"。每一个楼层分别对应了一组数据,分别是 x、y、z、a、b、h、楼层范围。图 1-19 中右下角是关于该项目楼层设定的预览图,默认是由一个一个的楼层矩形平面上下层叠而成。

图 1-19 中需要注意的是:

① "名称":楼层的名称,可由用户自定义。

② x、y、z:楼层平面左下角点的位置,间接地控制了层与层之间的位置对应关系。

9

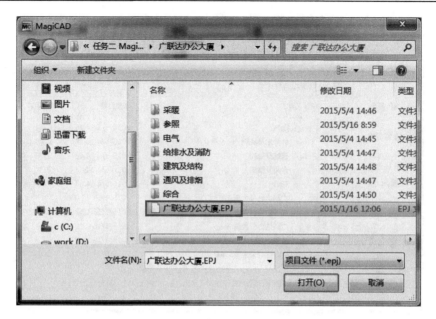

图 1-18

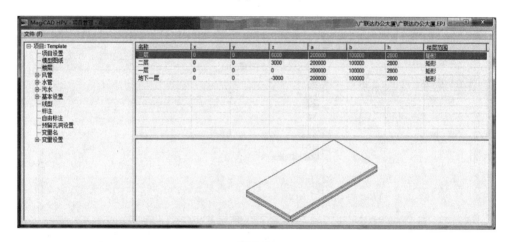

图 1-19

一般：x、y 就是 0，不用修改；z 是指楼层地面相对建筑±0.000m 的高度，是需要修改的，所述"楼层地面"应该是建筑面还是结构面呢？建议要和建筑机电管线安装高度所参照"楼层地面"一致。

③ a、b：楼层矩形平面的大小，该值宁大勿小，一定要比项目实际楼层的要大。

④ h：指的是该楼层的净空，地板上表面到顶板下表面的垂直距离，该值主要用于操作者参照查看楼层净空，以及布置支吊架时 h 值的自动提取，所以如果未使用 MagiCAD 支吊架模块，该值大概对即可，不必太精确。

⑤ 楼层范围：就用默认矩形，不必修改。

【例 1-1】 根据实际项目值进行楼层的设定。查某图纸可知共 7 个楼层，标高分别为：地下一层-3.600m、一层±0.000m、二层 3.900m、三层 7.800m、四层 11.700m、机房层 15.600m、屋顶层 19.600m；通过测量项目楼层长宽，可知项目楼层范围大概为 50m×

20m，故可进行如下设置：

① 地下一层。在"MagiCAD HPV-项目管理"编辑器中的"地下一层"处单击鼠标右键，弹出右键快捷菜单。在菜单中单击"编辑"选项，如图 1-20 所示。在弹出的"MagiCAD HPV-楼层数据"对话框中按图 1-21 进行相应的设置。设置完成后的地下一层如图 1-22 所示。

② 一层、二层、三层的设置方法同地下一层，设置完成后如图 1-23 所示。

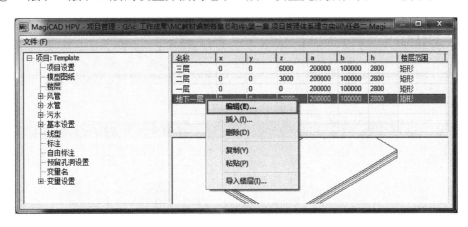

图 1-20

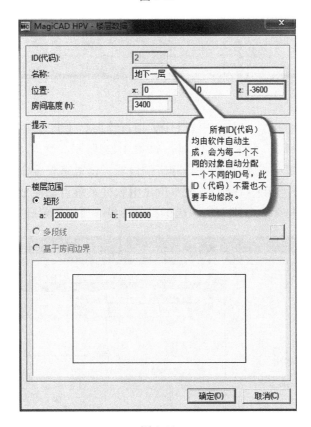

图 1-21

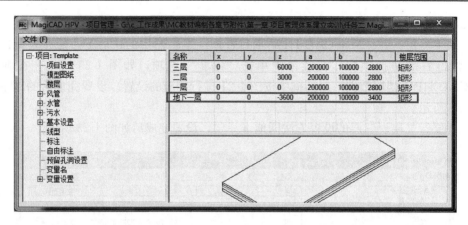

图 1-22

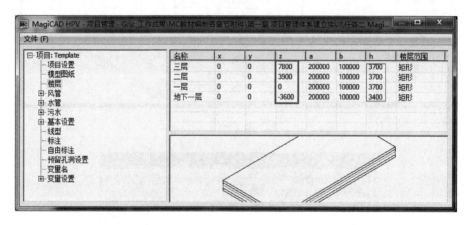

图 1-23

③ 四层的设置方法。在"MagiCAD HPV-项目管理"编辑器右侧框中单击鼠标右键，在弹出的快捷菜单中单击"插入"选项，如图 1-24 所示。之后在弹出的"MagiCAD HPV-楼层数据"对话框中按图 1-25 进行相应的设置。设置完成后如图 1-26 所示。

注意：图 1-25 中的"ID（代码）"文本框是由软件系统自动生成的，每个楼层都有自身对应的 ID 号，类似每个人分别对应自己的身份证号，所以不要随意修改。

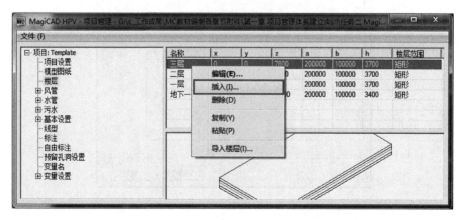

图 1-24

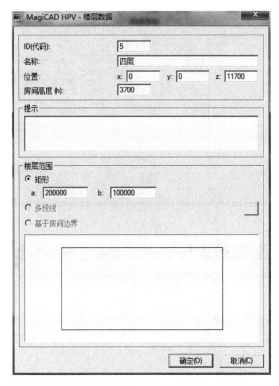

图 1-25

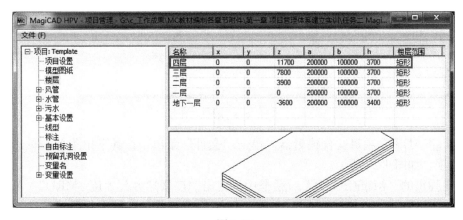

图 1-26

④ 机房层、屋顶层设置方法同上，设置后如图 1-27 所示。

（2）电气项目文件楼层的建立

单击桌面文件夹"MagiCAD \ MagiCAD for AutoCAD-Utilities"下的 Edit Electrical Project ，打开"MagiCAD-E 项目管理"编辑器，打开该项目 MagiCAD-E 的项目文件（见图 1-28）后，会发现 MagiCAD-E 项目文件内并没有关于楼层设定的信息。

实际上，电气在进行楼层设定时所用到的楼层信息，来自于 MagiCAD 智能建模项目文件的楼层信息，也就是说电气和智能建模共用一套楼层设定的信息。

（3）智能建模项目文件楼层的建立

1）单击桌面文件夹"MagiCAD\MagiCAD for AutoCAD-Utilities"下的 Edit Room Project ，

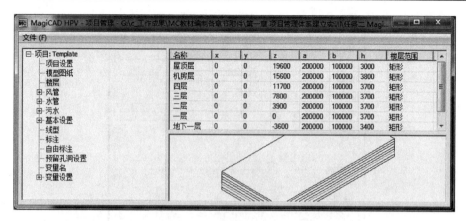

图 1-27

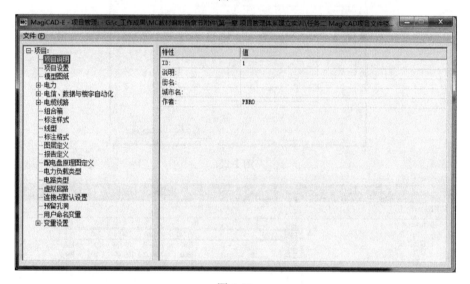

图 1-28

打开"MagiCAD-R"项目文件编辑器,单击"文件"菜单,在其下拉菜单中单击"打开项目"选项,如图 1-29 所示。

2)在弹出的"MagiCAD-R"对话框中,单击"广联达办公大厦.MRD",单击"打开"按钮(见图 1-30),打开该项目 MagiCAD 智能建模项目文件也就是建筑结构专业的 MagiCAD 项目文件,如图 1-31 所示。图 1-31 即为打开的该项目的 MagiCAD 智能建模项目文件,通过点击左侧的"楼层",可以查看该项目文件内楼层的信息。

图 1-31 中共有四个楼层,名称分别是"地下一层、一层、二层、三层";每一个楼层分别对应了一组数据,分别是"位置、旋转、默认高度"。其中:

① "名称":楼层的名称,可由用户自定义,建议与 MagiCAD HPV 项目文件楼层名称保持一致。

② 位置:与 MagiCAD HPV 项目文件楼层设定"x、y、z"所指一样,指的是楼层平面左下角点的位置,间接地控制了层与层之间的位置对应关系。一般:x、y 就是 0,不用修改;z 是指楼层地面相对建筑±0.000m 的高度,是需要修改的,所述"楼层地面"到底是建筑面、完成面、结构面,建议要和建筑机电管线安装高度所参照"楼层地面"一致。

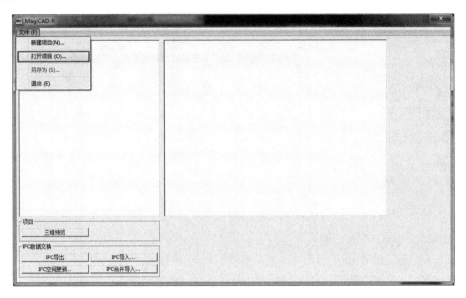

图 1-29

图 1-30

③ 旋转：默认 0°，一般不修改，也就是层与层之间相对位置不旋转。

④ 默认高度：与 MagiCAD HPV 项目文件楼层设定"h"所指一样，指的是该楼层的净空，地板上表面到顶板下表面的垂直距离，该值主要用于操作者参照查看楼层净空，以及布置支吊架时 h 值的自动提取，所以如果未使用 MagiCAD 支吊架模块，该值大概对即可，不必太精确。

【例 1-2】 查某图纸可知共 7 个楼层，标高分别为：地下一层-3.600m、一层±0.000m、二层 3.900m、三层 7.800m、四层 11.700m、机房层 15.600m、屋顶层 19.600m，故可进行如下设置：

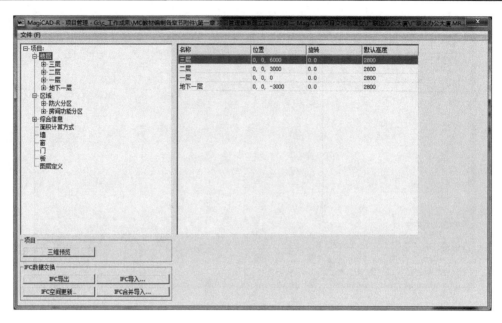

图 1-31

① 地下一层。打开"MagiCAD-项目管理"编辑器,在右侧框中单击鼠标右键,在弹出的右键快捷菜单中单击"特性"选项,如图 1-32 所示。

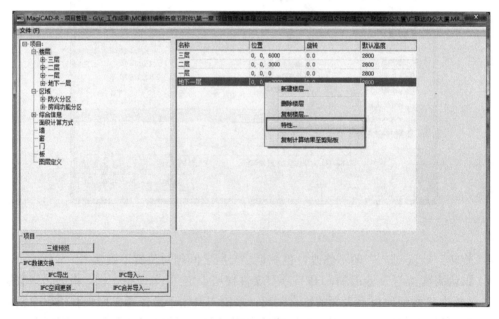

图 1-32

② 在弹出的"MagiCAD-R-楼层特性"对话框中按图 1-33 进行相应的设置。设置完毕后,单击"确定"按钮,返回"MagiCAD-项目管理"编辑器,地下一层的信息设置完毕,如图 1-34 所示。

③ 一层、二层、三层设置方法同地下一层,设置后如图 1-35 所示。

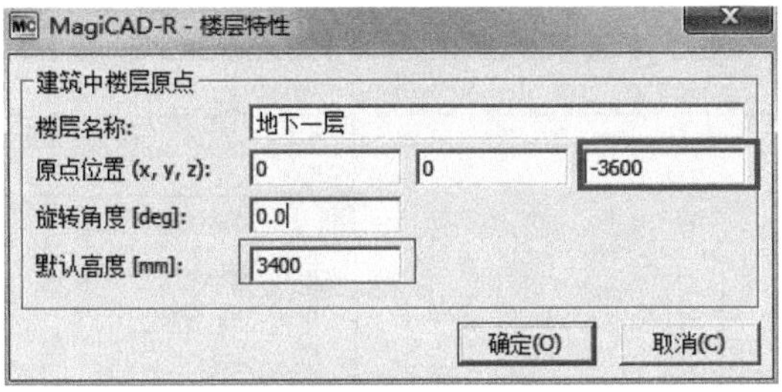

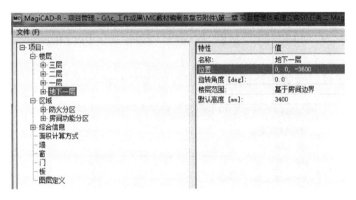

图 1-33

图 1-34

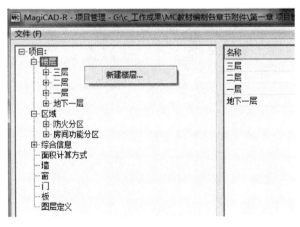

图 1-35

④ 四层的设置方法。在"MagiCAD-项目管理"编辑器左侧列表框中"楼层"空白处单击鼠标右键新建楼层（见图 1-36），或者在楼层信息处单击鼠标右键新建楼层（见图 1-37）。

图 1-36

17

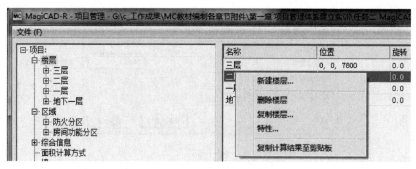

图 1-37

之后均会弹出"MagiCAD-R-楼层特性"对话框，按图 1-38 进行相应的设置。设置完成后如图 1-39 所示。

⑤ 机房层、屋顶层设置方法同四层，设置后如图 1-40 所示。

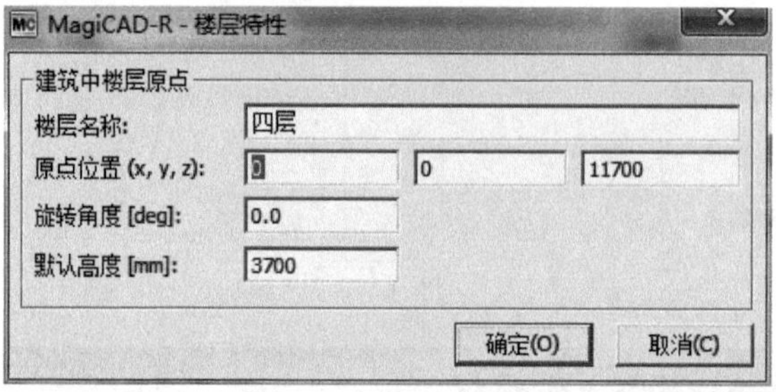

图 1-38

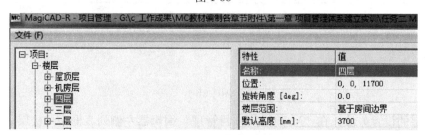

图 1-39

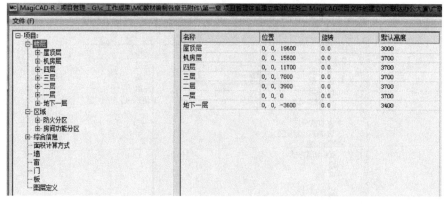

图 1-40

到此，MagiCAD 智能建模项目文件楼层设定完毕。

第2章 风专业 MagiCAD 实训

【能力目标】

1. 能够掌握二维底图的处理方法。
2. 能够熟练进行风管道的绘制与编辑。
3. 能够掌握风口在风管上布置的基本方法。
4. 能够掌握风阀、风机等构件的添加方法。
5. 能够掌握从产品库文件添加产品的方法。

2.1 实施前的准备

2.1.1 任务说明

我们是将已经绘制完成的二维设计图纸，通过 MagiCAD 进行 BIM 二次设计，所以在用 MagiCAD 进行 BIM 二次设计时，需要参照原二维设计图纸进行模型的绘制，在此我们将被参照的原二维设计图纸称之为底图。

MagiCAD 进行 BIM 设计的时候，一般都是单层单专业进行，不会在一个文件（MagiCAD 所绘制的三维 DWG 文件）里绘制 n 多层的内容。至于原因：①后期多专业进行协同的时候，便于操作；②后期进行多层叠加的时候，便于叠加；③单层单专业进行绘制，文件尺寸较小，可以有效降低对硬件的配置要求。

原二维设计图纸一般都是很多层在一张 DWG 图纸里，或者即使是一张图纸里只有一层，图纸与图纸之间的基准点也未必一致，这些都会对 MagiCAD 进行二次设计时造成影响，所以我们需要对底图进行处理。

利用 MagiCAD 进行二、三维相结合深化设计时，建议采用新建三维专业图，参照对应的二维底图的方法进行，而不是直接在处理好的二维底图上利用 MagiCAD 进行三维深化，主要有以下原因：①三维深化完成后，可能就不需要二维底图，如果三维和二维在一张图上，这样就很难分离；②机电相对比较容易发生变更的情况，一旦变更就需要替换原来的二维底图，如果三维和二维在一张图上就很难分离。

利用 MagiCAD 进行深化设计，需要使用 MagiCAD 功能且需要利用 MagiCAD 项目文件的信息，所以需要关联对应专业的 MagiCAD 项目文件。

结合以上，我们需要完成以下任务：

（1）二维底图的处理；

（2）新建三维专业图；

（3）关联 MagiCAD 项目文件；

（4）参照对应的二维底图。

2.1.2 任务分析

底图的处理一般分三步，第一步：拆楼层。把原二维设计图纸的每一层的内容，分别拆至每一个单独的 DWG 文件内。第二步：挪原点。选定项目的一个共同基点，每一张图纸都以此基点为基准，统一地移到坐标原点，"选定项目的一个共同基点"一般选择项目轴网的左下角交点作为基点（如果已创建了建筑结构模型，鉴于建筑结构为上游专业，机电专业需与建筑结构专业采用同一基点）。第三步：清理垃圾图元。此步主要是删除图形中未使用的命名项目，如"块定义"和"图层"等，以尽可能地减小图纸尺寸。

新建三维专业图（DWG 格式），为便于单位等的统一，建议统一选择 acadiso.dwt 为样板文件，如图 2-1 所示。

图 2-1

关联 MagiCAD 项目文件时，注意一定要关联对应专业的项目文件。比如风、水专业图纸一定要关联 MagiCAD HPV 项目文件，电气专业图纸一定要关联 MagiCAD-E 项目文件。

参照对应的二维底图，可以使用 AutoCAD 参照的功能，为了方便图纸之间能够互相灵活参照，建议"参照类型"选择"覆盖型"。为了便于文件的传递，建议"路径类型"选择"相对路径"，其他设定可参照图 2-2 所示。

2.1.3 任务实施

1. 二维底图的处理

下面以"02 采暖通风施工图.dwg"中"地下一层通风及排烟平面图"为例进行说明。

（1）在 AutoCAD 2014 中打开"02 采暖通风施工图.dwg"，如图 2-3 所示。

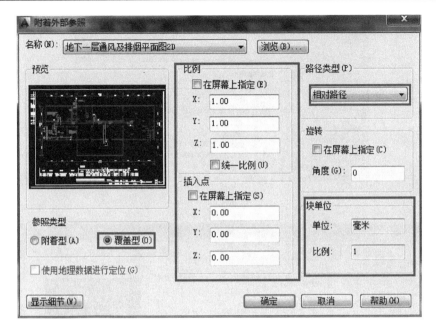

图 2-2

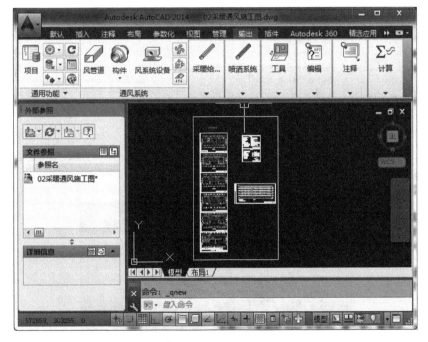

图 2-3

（2）在"新建"子菜单中单击"图形"选项，如图 2-4 所示。

在弹出的"选择样板"对话框中选择 acadiso.dwt 为样板文件，单击"打开"按钮，如图 2-5 所示。

这样我们就新建了一张空白文档，如图 2-6 所示。

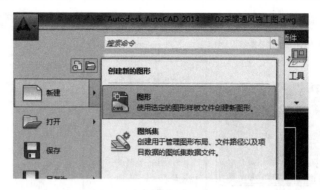

图 2-4

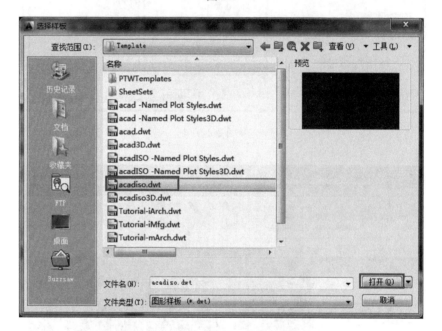

图 2-5

图 2-6

（3）选中"02 采暖通风施工图 . dwg"内所有"地下一层通风及排烟平面图"的内容，单击鼠标右键，在弹出的快捷菜单中选择"剪贴板"→"带基点复制"，如图 2-7 所示。

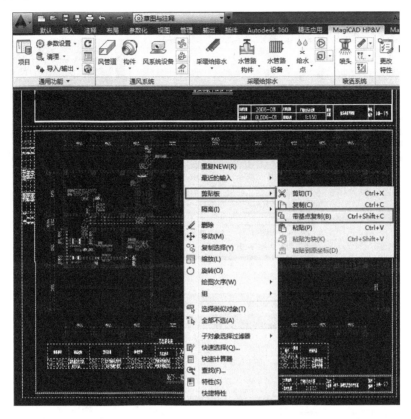

图 2-7

切换至新建的空白文档，如图 2-8 所示。

单击鼠标右键，在弹出的快捷菜单中选择"剪贴板"→"粘贴"，如图 2-9 所示。

输入插入点坐标（0，0，0），如图 2-10 所示。

"回车"确定，完成复制，如图 2-11 所示。

（4）在"图形实用工具"子菜单中单击"清理"选项，如图 2-12 所示。

在弹出的"清理"对话框中单击"全部清理"按钮，如图 2-13 所示。

再在弹出的"清理-确认清理"对话框中单击"清理所有项目"，清理垃圾图元，如图 2-14 所示。

（5）创建文件夹，保存图形，如图 2-15 所示。

将其保存至"参照"文件夹内，建议在文件名称后加"2D"后缀，主要目的是为从名称上区别将用 MagiCAD 进行二次设计的三维图形，如图 2-16 所示。

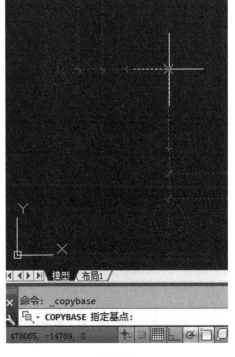

图 2-8

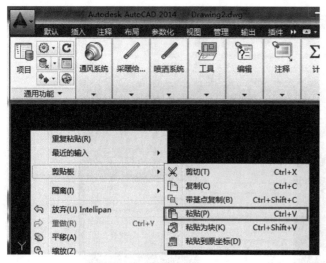

图 2-9

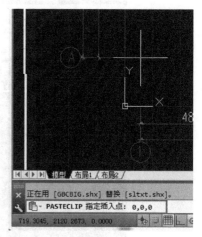

图 2-10

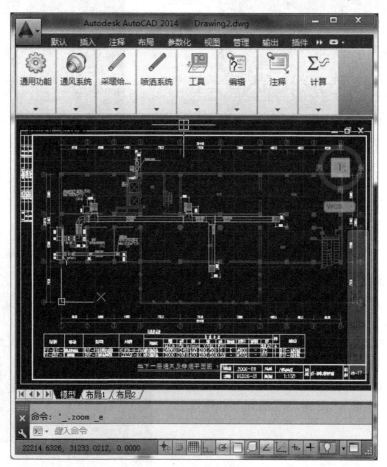

图 2-11

2. 新建将用 MagiCAD 进行绘制的三维专业图

在 AutoCAD 2014 中新建空白 ＊. dwg 格式的文档并保存，建议文件名称格式统一为"楼层＋专业"，并保存至对应的项目专业文件夹下，文件名称和保存路径如图 2-17 所示。

图 2-12

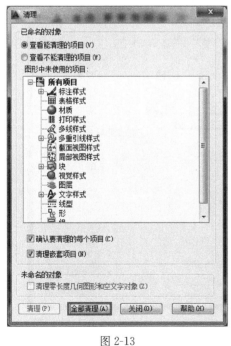

图 2-13

图 2-14

图 2-15

3. 将新建的 MagiCAD 进行绘制的三维专业图，关联对应专业的 MagiCAD 项目文件

（1）在 AutoCAD 中单击"MagiCAD HP&V"菜单，在其子菜单中单击"项目"选项，如图 2-18 所示。

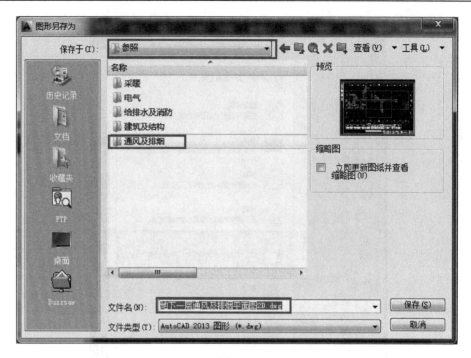

图 2-16

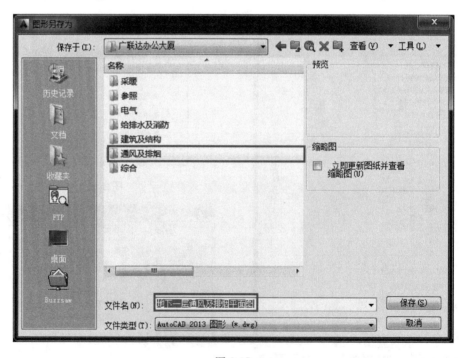

图 2-17

（2）在弹出的"MagiCAD HPV-选择项目"对话框的"选择已有项目管理文件"中选择项目一创建的 HPV 楼层文件进行关联，关联完成之后，会在模型图纸下列出该图纸名称以及存储路径，单击"确定"按钮，如图 2-19 所示。

图 2-18

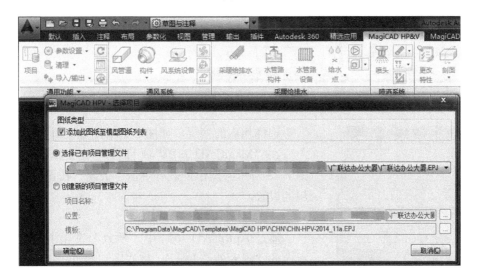

图 2-19

单击"确定"之后,弹出"MagiCAD HPV-项目管理"编辑器,如图 2-20 所示。

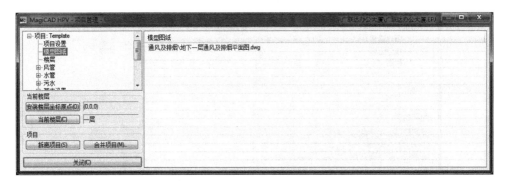

图 2-20

(3) 进行当前楼层的设置。在"第 1 章项目管理体系建立实训"中我们已经建立了该项目的 MagiCAD 项目管理文件,而且一个项目只能有一套 MagiCAD 项目管理文件,所以在此我们选择"选择已有项目管理文件",而不是"创建新的项目管理文件"。

注意:① 关联的是对应专业的 MagiCAD 项目文件,例如,图纸"地下一层通风及排烟平面图 . dwg"必须关联 MagiCAD HPV 选项卡下的"项目",而不是 MagiCAD-E 或者

MagiCAD 智能建模选项卡下的"项目";② 必须是先将图纸"地下一层通风及排烟平面图.dwg"存盘,再进行关联,否则不能进行关联操作;③ 不关联对应专业的 MagiCAD 项目文件,将来是不能使用对应专业的 MagiCAD 功能的。

打开项目管理器,进行当前楼层的设置,如图 2-21 所示。

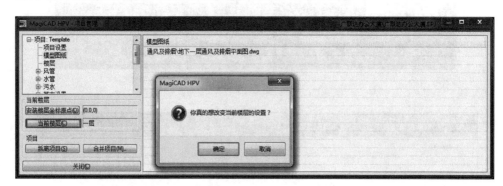

图 2-21

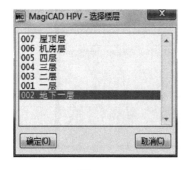

图 2-22

选择相应的楼层,如图 2-22 所示。

在"MagiCAD HPV-项目管理"编辑器中进行如图 2-23 所示的操作,最后单击"关闭"按钮完成当前楼层的设置。

4. 参照对应的二维底图

通过 AutoCAD 2014 中"插入"选项卡下的参照面板内的"附着外部参照",将底图"地下一层通风及排烟平面图 2D.dwg"参照至将用 MagiCAD 绘制的三维专业"地下一层通风及排烟平面图.dwg"中。

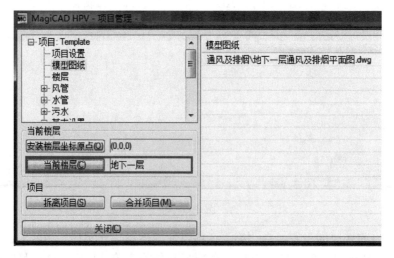

图 2-23

(1)利用快捷键"xr"或"插入"选项卡下"参照"面板内右下角打开外部参照箭头 ⓜ,打开"外部参照"浮动面板,单击该面板左上角"附着 DWG"选项,如图 2-24

所示。

（2）打开"选择参照文件"对话框，选择需要参照插入的底图"地下一层通风及排烟平面图 2D. dwg"，并单击"打开"按钮，如图 2-25 所示。

（3）单击"打开"按钮后，打开"附着外部参照"对话框，按图 2-26 所示进行相关设置，单击"确定"按钮。

注意：如路径类型不能选择"相对路径"，可按如下顺序操作进行解决：① 再次保存当前图纸；② 保证当前图纸和被参照图纸在同一个大的文件夹下。

（4）完成参照插入操作，外部参照面板内会列出当前图纸已经成功参照的外部参照图纸，如图 2-27 所示。

还可以在外部参照面板上单击选中被参照的图纸，并单击鼠标右键，进行"卸载"、"重载"、"拆离"等操作，如图 2-28 所示。

图 2-24

注意：如果外部参照面板内未成功显示被参照的外部参照图纸，可按如下顺序操作进行解决：① 再次保存当前图纸；② 保证当前图纸与被参照的图纸文件名称不完全一样。

通过视口视图视觉样式模式（模型空间左上角），能以二、三维相结合的方式观察图纸。

为了打开两个视口，先选择"视口配置列表"中"两个：垂直"，如图 2-29 所示。

打开其中一个视口设置，选择所需三维视图效果，如图 2-30 所示。另一个为平面视口设置，如图 2-31 所示。

完成设置，效果如图 2-32 所示。

注意：为了绘图方便一般是左视口为平面，右视口为三维，如图 2-32 所示。

图 2-25

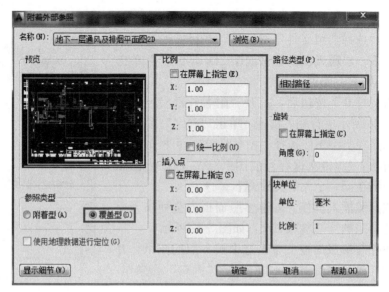

图 2-26

图 2-27

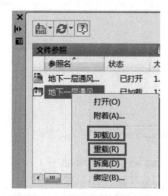

图 2-28

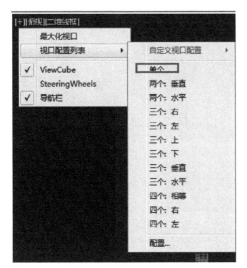

图 2-29

图 2-30

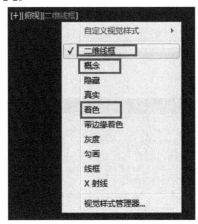

图 2-31

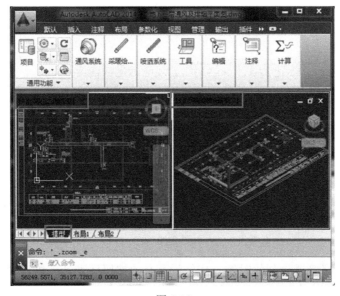

图 2-32

2.2　风管道的绘制与编辑

2.2.1　任务说明

依据处理好的原设计二维底图"地下一层通风及排烟平面图 2D. dwg"，完成以下工作：

（1）风管主管道的绘制；

（2）风管分支管道的绘制；

（3）静压箱的绘制。

2.2.2　任务分析

一个完整的系统，一般主管道都会有分支管道，建议先绘制主管道再从主管道上引出分支管道，实际上施工基本也是按照先干管后支管的顺序。

单击风管道绘制命令后会看到如下"MagiCAD HPV-设计选项"对话框，如图 2-33 所示。该对话框有个双向折叠按钮 ▼▲ ，通过该按钮可以打开更多关于风管道绘制的详细设定，比如保温、弯头、分支等。

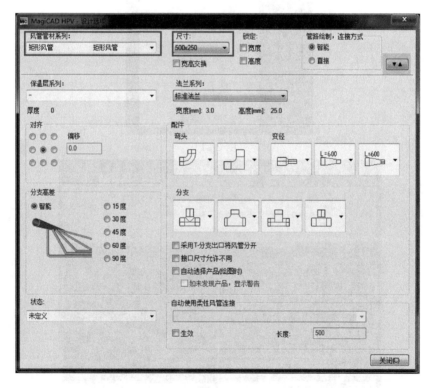

图 2-33

注意：在进行风管道绘制的时候，我们没有必要按照原设计二维底图上的形式，一边修改如此多的选项一边绘制。

针对保温层，强烈不建议绘制的时候带保温，原因如下：① 一旦带保温绘制，Magi-CAD 软件显示的风管顶部高度以及底部高度均是保温外皮的安装高度，实际上，我们习惯的安装高度是指风管（不含保温）的安装高度；② 如果带保温绘制，将来凡是保温层之间的碰撞，MagiCAD 软件也会认为是碰撞，而实际施工时，针对一些特殊部位，比如空间特别狭小的局部保温擦碰也是允许的；③ 至于最后需要加保温而开始绘制没有加保温的风管，可以通过 MagiCAD 软件中的"更改特性"很迅速地添加保温。

针对弯头和分支类型，同样不建议一边修改一边绘制，到后期可以通过"更改特性"很迅速地进行修改。

在进行绘制的时候，针对 MagiCAD HPV-设计选项，就是仅仅设定"管材"、"管径"即可，其他默认，等全部绘制完成之后，通过 MagiCAD 软件中的"更改特性"等命令进行批量修改，这样可以大大提高绘图效率。

2.2.3　任务实施

1. 主风管的绘制

（1）在 MagiCAD 中单击"风管道"绘制命令，如图 2-34 所示。

图 2-34

弹出"MagiCAD HPV-设计选项"面板，进行如图 2-35 所示的设置。

图 2-35

注意：

① 该面板为临时浮动面板，管道绘制命令结束后自动关闭。不建议在绘制过程中，关掉该面板，因为在绘制过程中可以通过"尺寸"等选项，随时修改设定参数，非常方便。如果在绘制过程中不小心关掉了此面板，绘制过程中需要再次对风管道设计的选项参数进行设定，可通过鼠标右键快捷菜单中的"选项"重新打开该面板。

② 该浮动面板左下角的双向折叠按钮"▼▲"，可打开或者关闭风管道其他详细设定选项，比如"保温层"、"配件"、"分支"等，不建议一边绘制，一边对这些详细设定选项

进行修改，这样效率比较低；建议绘制的时候仅设定"管材、管径"，其他采用默认值，就直接开始进行下一步的操作，至于"保温层"、"配件"、"分支"等设定可能不对，后期我们可以通过 MagiCAD 中的"更改特性"快速进行批量修改。

（2）在模型空间单击指定绘制风管的起始点，如图 2-36 所示。

图 2-36

打开"MagiCAD HPV-安装产品"对话框，如图 2-37 所示。

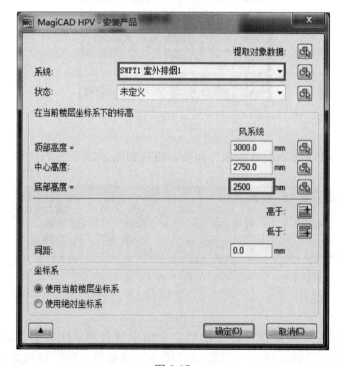

图 2-37

指定要绘制的系统和标高（针对顶部高度、中心高度和底部高度，根据需要指定其中一个高度，另外两个会根据风管的尺寸自动变化），其他保持默认值。

（3）根据底图风管走向及风管尺寸变化绘制风管，如图 2-38 所示。

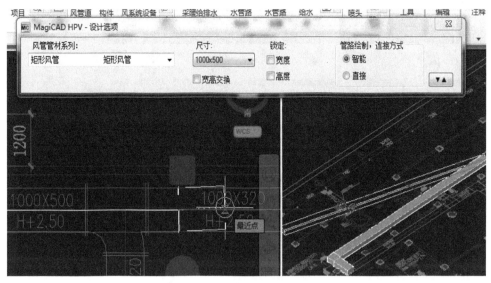

图 2-38

之后在"MagiCAD HPV-设计选项"对话框中选择风管尺寸为"1000×320","管道绘制，连接方式"文本框中注意单选按钮为"智能"，如图 2-39 所示。

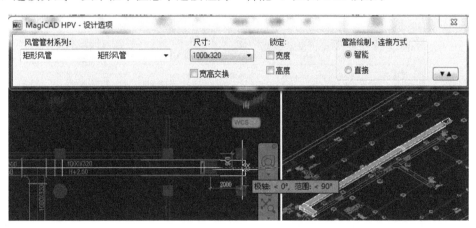

图 2-39

（4）绘制至末端，可通过单击鼠标右键快捷菜单中的"管堵"选项（见图 2-40）或者命令行输入对应的快捷命令绘制管堵。

绘制结束，临时浮动面板自动关闭效果，如图 2-41 所示。用同样的方法可完成其他主风管的绘制。

注意：

① 绘制完成的风管，可通过双击查看其特性，并修改其尺寸和安装高度（改变 Z 值）等操作，如图 2-42 所示。

② 绘制过程中如果没有自己想用的管材、系统或者风管尺寸等数据，可通过打开 MagiCAD HPV

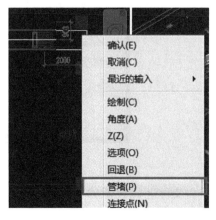

图 2-40

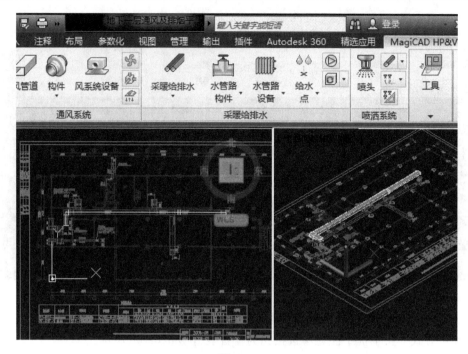

图 2-41

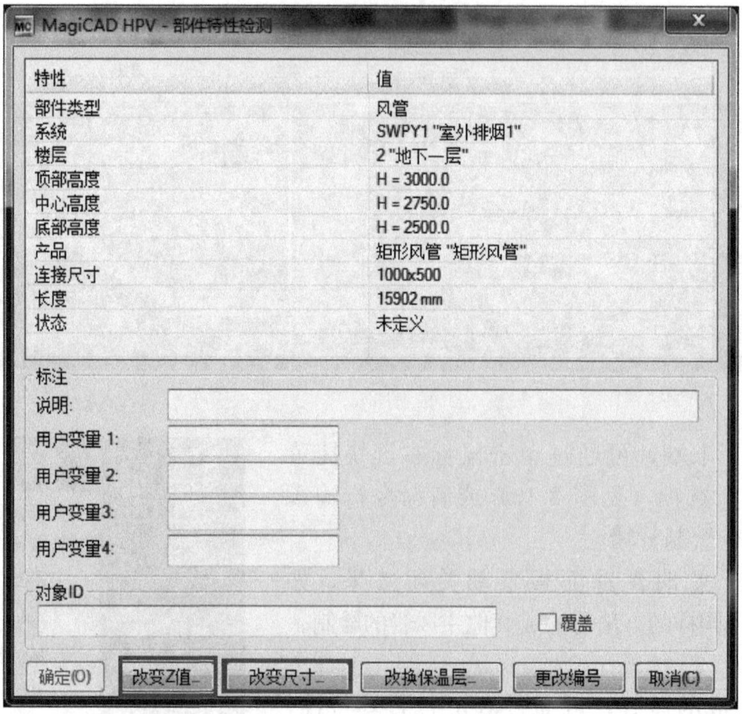

图 2-42

项目文件进行数据的修改或者添加。以矩形风管管材下添加管道尺寸 100mm×100mm
为例。

a. 单击"项目"（见图 2-43），打开"MagiCAD HPV-项目管理"编辑器。

图 2-43

b. 在"MagiCAD HPV-项目管理"编辑器中单击选择需要编辑的风管材系列，如图 2-44 所示。

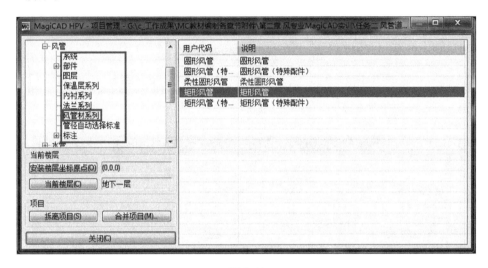

图 2-44

c. 在需要编辑的管材上单击鼠标右键，在弹出的快捷菜单中单击"编辑"选项，如图 2-45 所示。

弹出"MagiCAD HPV-风管材系列"对话框，如图 2-46 所示。

d. 在"MagiCAD HPV-风管材系列"对话框中，在"风管尺寸"列表框中单击鼠标右键，在弹出的快捷菜单中单击"添加"选项，如图 2-47 所示。在弹出的"MagiCAD HPV-风管尺寸"对话框中进行如图 2-48 所示的参数设置；完成后单击"确定"按钮。

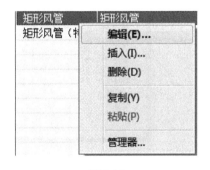

图 2-45

注意：在图 2-48 风管尺寸"100×100"中，必须是英文小写字母"×"，不能是"＊"或者乘号"×"。

返回"MagiCAD HPV-风管材系列"对话框，添加的效果如图 2-49 所示。

2. 风管支管的绘制

通过风管道绘制命令，设定"管材"、"管径"，把风管道"绘制或连接"中的黄色靶框▟放置于分支与主管相交处，开始绘制，如图 2-50 所示。

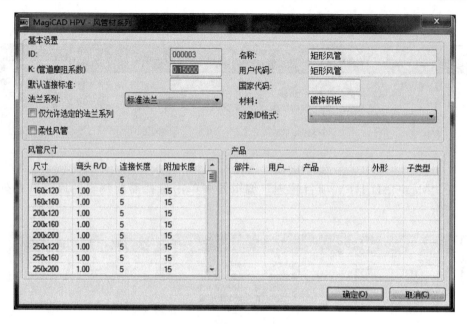

图 2-46

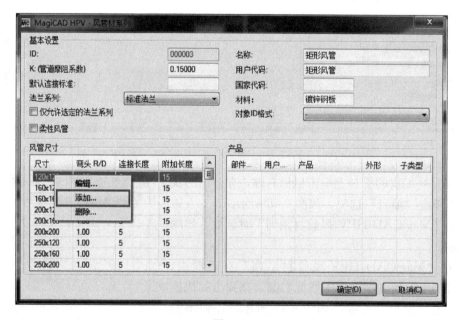

图 2-47

图 2-48

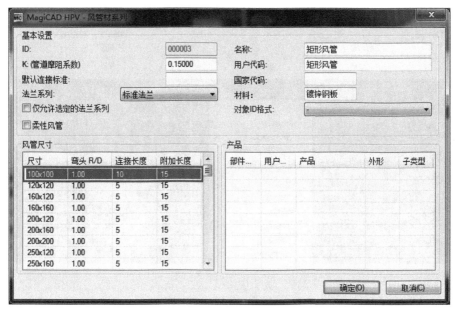

图 2-49

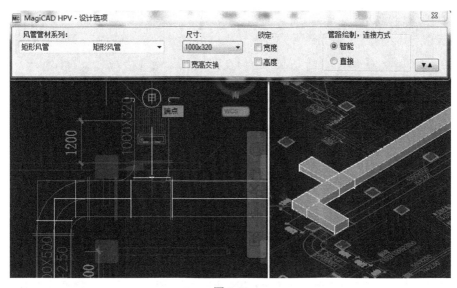

图 2-50

在管道的末端有管堵可以单击鼠标右键，在弹出的快捷菜单中选择"管堵"选项，如图 2-51 所示。

支管直接与主管连接自动生成三通，如图 2-52 所示。

同样的方法绘制其他分支，效果如图 2-53 所示。

3. 静压箱的绘制

（1）在 MagiCAD 软件中单击"静压箱"选项（见图 2-54），打开"MagiCAD HPV-静压箱"对话框进行相关参数的设置，如图 2-55 所示。

（2）绘制过程中，对静压箱进行旋转。

① 将靶框 置于静压箱中心端点处（不要单击，就是把靶框放在上边），发现静压

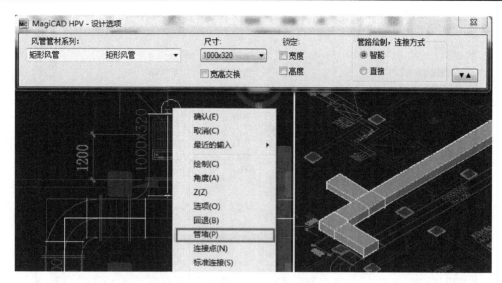

图 2-51

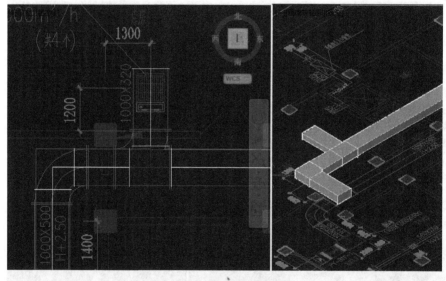

图 2-52

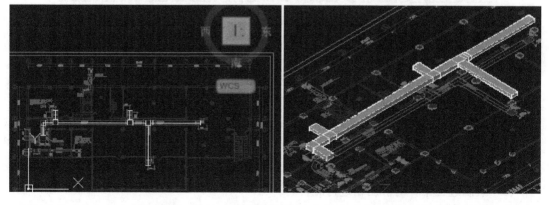

图 2-53

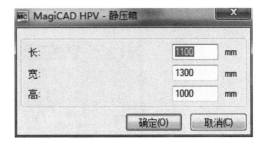

图 2-54

图 2-55

箱方向不对，如图 2-56 所示。

单击鼠标右键，在弹出的快捷菜单中单击"方向（D）"选项进行旋转，如图 2-57 所示。圆形旋转按钮拾取方向进行旋转，如图 2-58 所示。

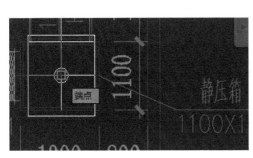

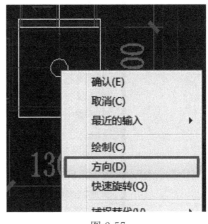

图 2-56

图 2-57

到达合适的位置后，在屏幕任意位置单击鼠标左键完成旋转，如图 2-59 所示。

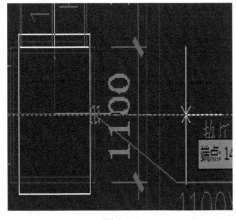

图 2-58

图 2-59

② 在屏幕上通过单击指定静压箱中心放置的位置，自动弹出"MagiCAD HPV-安装产品"对话框进行设置，如图 2-60 所示。此次设定除了通过对话框中的下拉菜单 ▾ 进行设定外，也可以通过"拾取对象数据🖰"按钮，在屏幕上拾取具有相同属性的已绘制好的

对象，进行参数的设定。

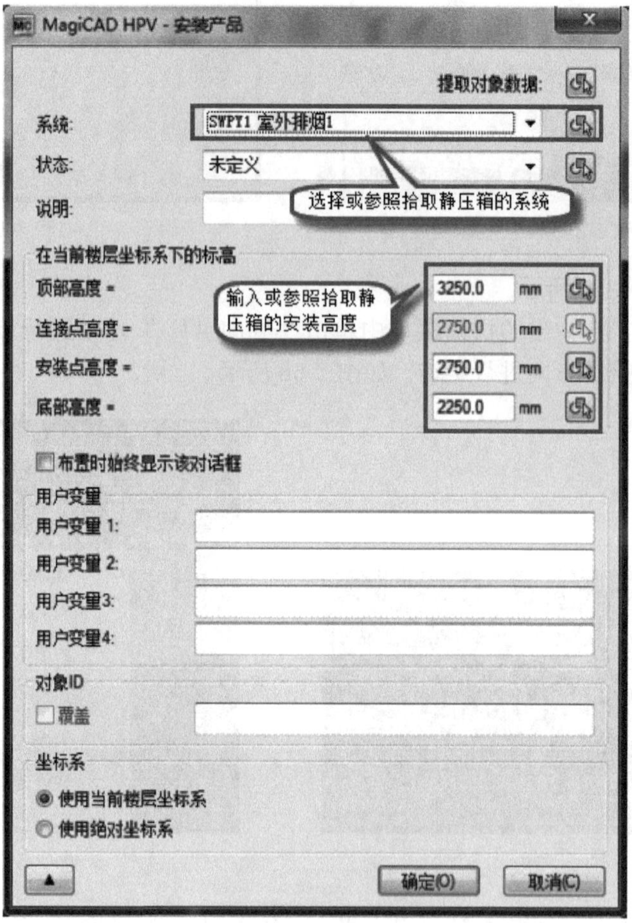

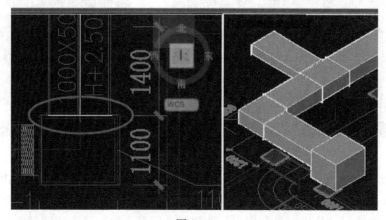

图 2-60

（3）静压箱与管道进行连接。

① 选中风管，通过单击风管末端十字形热夹点"✛"，实现继续从该点绘制管道，如图 2-61 所示。

图 2-61

直接单击热夹点"➕"开始绘制管道，如图 2-62 所示。

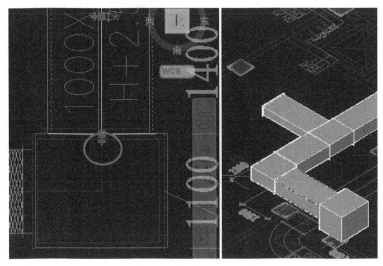

图 2-62

拖拽夹点到所需位置，如图 2-63 所示。

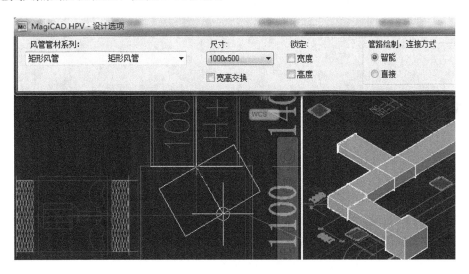

图 2-63

② 把靶框黄色■放于风管与静压箱连接处并单击，完成连接，如图 2-64、图 2-65 所示。

用同样的方法，完成其他管道的绘制，效果如图 2-66 所示。

4. 风管道的整体编辑

在风管道的绘制中提到过，建议绘制的时候先仅设定"管材"、"管径"、"系统"、"标高"，其他参数都采用默认值，然后就直接开始进行下一步的操作。至于"保温层"、"配件"、"分支"等设定可能不对，后期我们可以通过 MagiCAD 软件中的"更改特性"快速进行批量修改。

在此我们就利用"更改特性"进行"系统"、"弯头"、"分支"的整体修改，保温仍然

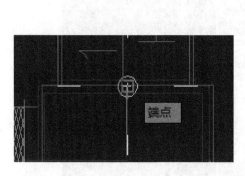
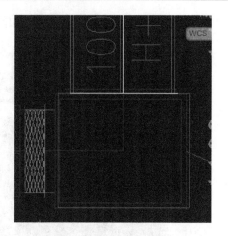

图 2-64   图 2-65

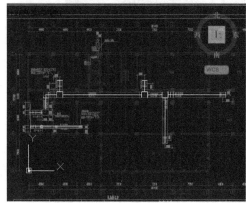
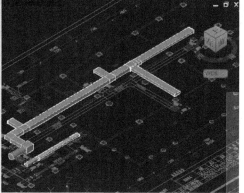

图 2-66

不添加。保温层建议在调完管线综合之后再整体添加，原因为：① 如果添加了保温，对管道安装高度进行调整的时候，所显示管道顶部高度和底部高度指的是保温层外皮的高度，而实际施工的时候，管道的安装高度我们一般是以镀锌铁皮为准的，这样就会带来很多的不方便；② 如果添加了保温，后期管线调整的时候，保温的碰撞，软件也会报警，而实际施工的时候，根据空间实际情况，保温层之间可能会有局部接触。

（1）利用"更改特性"修改弯头，将"内外直角弯头"改为"内外弧弯头"。

① 在 MagiCAD 中单击"更改特性"（见图 2-67），弹出"MagiCAD HPV-更改特性"对话框。

图 2-67

② 在"MagiCAD HPV-更改特性"对话框中，将特性组调整至"风系统"，在其列表

框中单击"弯头类型"，单击"确定"按钮，如图 2-68 所示。

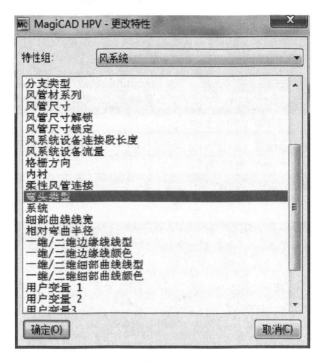

图 2-68

③ 在弹出的"MagiCAD HPV-改换弯头类型"对话框中，将"内外直角弯头"改为"内外弧弯头"，单击"确定"，按钮，如图 2-69 所示。

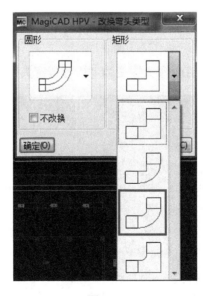

图 2-69

④ 框选或者点选所有内外直角弯头，如图 2-70 所示。所选弯头处于高亮状态说明已全部选中，如图 2-71 所示。

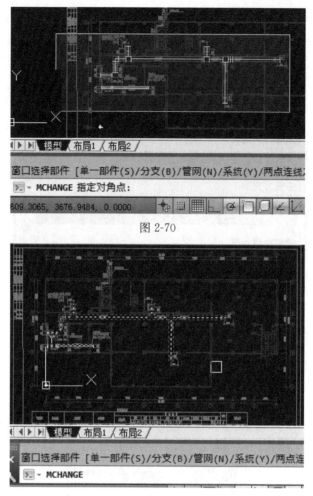

图 2-70

图 2-71

按回车键，将所有"内外直角弯头"变为"内外弧弯头"，如图 2-72 所示。

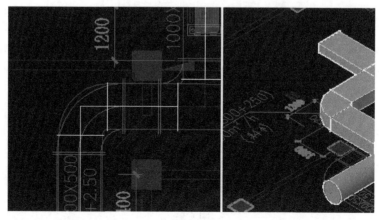

图 2-72

（2）利用"更改特性"修改分支，由 ⌐ 分支变为 ⌐ 分支。方法与"内外直角弯头"改为"内外弧弯头"类似。

① 在 MagiCAD 中单击"更改特性"，如图 2-73 所示。

② 弹出"MagiCAD HPV-更改特性"对话框，在对话框中将特性组调整至"风系统"，在其列表框中单击"分支类型"，单击"确定"按钮，如图 2-74 所示。

图 2-73

图 2-74

③ 弹出"MagiCAD HPV-改换分支类型"对话框，在"方/方"下拉列表框中单击⌐⌐分支（见图 2-75），之后单击"确定"按钮。

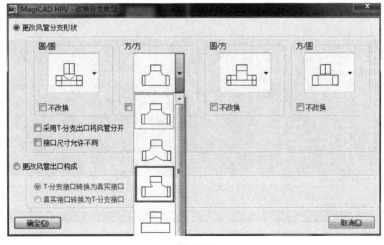

图 2-75

或者，继续进行如下设定，分支由必须"等宽等高"变为分支可以"不等宽等高"，如图 2-76 所示。

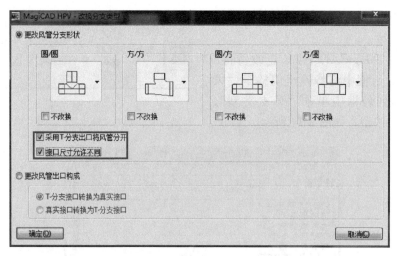

图 2-76

④ 利用两点连线之间(E)进行对象的选择，如图 2-77 所示。

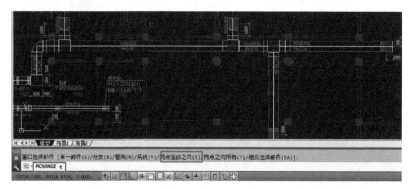

图 2-77

根据软件提示，指定第一个节点（弯头、三通、四通、管道末端等都可以称之为节点），如图 2-78 所示。

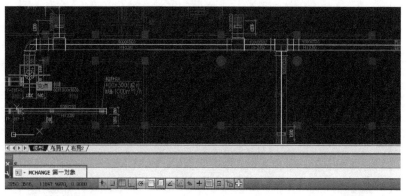

图 2-78

再指定第二个节点，如图 2-79 所示。

指定第二个节点后，两个节点之间连线的部分被选中，如图 2-80 所示。

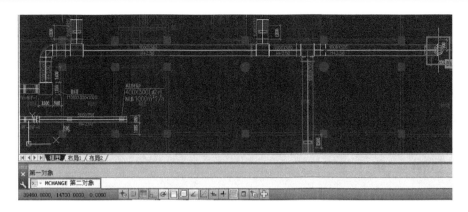

图 2-79

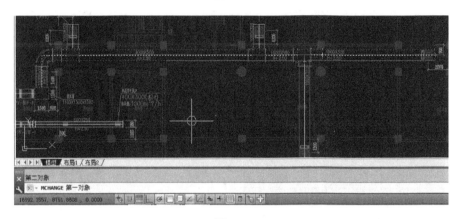

图 2-80

如还需要用 两点连线之间(E) 方式进行选择，继续通过上述方法选择即可，如果不用这种方法选择了，可直接按回车键，进入到如图 2-81 所示的状态。

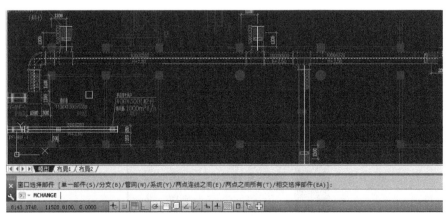

图 2-81

此种状态意味着仍然可以用其他方式进行对象的选择，比如"框选"、"点选"等，如果已经选够，再次按回车键，完成此次更改特性的工作，如图 2-82 所示。

支管与主管的三通直接生成，如图 2-83 所示。

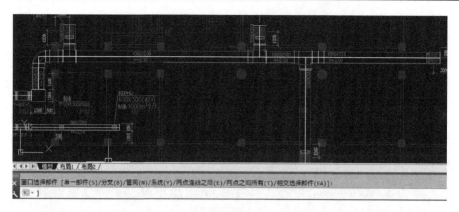

图 2-82

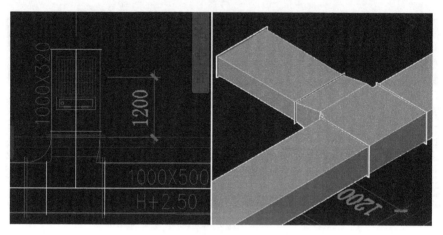

图 2-83

⑤ 由于文件中的三通是带有方向性的，所以可以通过图 2-84 所示的"调整分支方向"，随意单击管网一节点处，对分支方向进行修改。

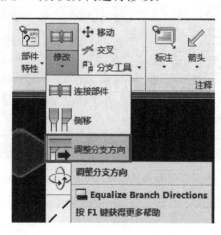

图 2-84

（3）利用"更改特性"修改系统，由"室外排烟系统 1"变为底图"室内排烟系统 1"，方法同（2）类似，整个修改过程，如图 2-85 所示。

图 2-85

选中所需修改的风系统，如图 2-86 所示。

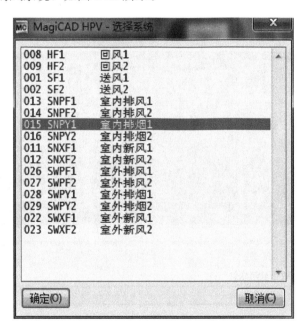

图 2-86

检查所选的系统是否为全选，如图 2-87 所示。

选择管网快捷键"N"全选管网，如图 2-88 所示。确认部件所属管网已经被全选，如图 2-89 所示。

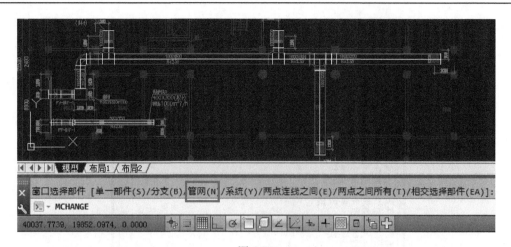

图 2-87

图 2-88

图 2-89

管网已被全选，如图 2-90 所示。

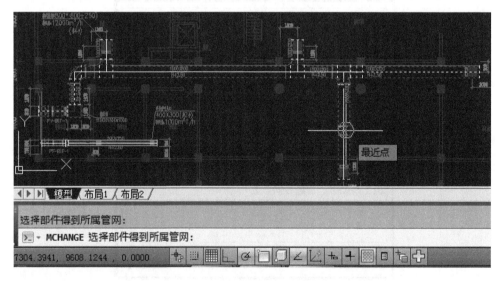

图 2-90

如还需要用其他方式进行选择，继续通过上述方法选择即可，如果无需其他方法选择，可直接按回车键，进入到如图 2-91 所示的状态。

此种状态意味着仍然可以用其他方式进行对象的选择，比如"框选"、"点选"等，如果已经选够，再次按回车键，完成此次更改特性的工作，如图 2-92 所示。

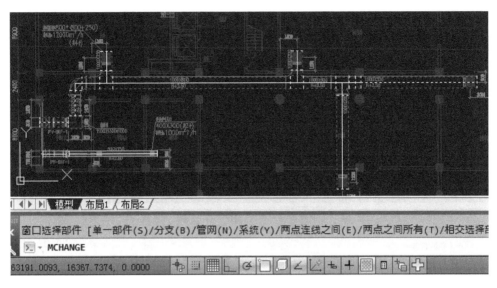

图 2-91

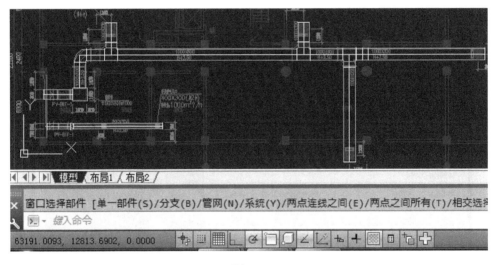

图 2-92

2.3　风口的添加与编辑

2.3.1　任务说明

1. 完成风口在风管上的布置。
2. 完成从产品库文件添加所需构件及设备。

2.3.2　任务分析

风口与管道的相对位置关系有很多种，最基本的思路都是，绘制管道（不包含风口与管道连接的末端支管）→布置风口→通过风口热夹点"➕"起画管道与风口连接的管道连接。

布置风口、风阀、风机等设备构件的时候，如果碰到我们需要而项目的产品库文件里没有的产品怎么办？首选的方法是通过"选择产品至项目的方法"从软件的产品库文件搜索寻找添加我们需要的产品。

2.3.3 任务实施

1. 风口的布置

（1）在 MagiCAD 软件中，单击"风系统设备"，如图 2-93 所示。

图 2-93

绘制风口，弹出的"MagiCAD HPV-请选择产品"对话框。MagiCAD 通常会把位于管道末端的对象称之为设备，位于管道中间的对象称之为构件，如图 2-94 所示。

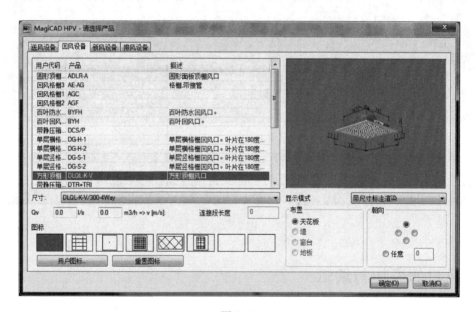

图 2-94

注意：

① 现在能看到产品，就是该项目产品库文件"＊.qpd"内所包含的产品。

② 针对每一款产品，都可以查看其外形和尺寸，且可通过单击鼠标右键→快捷菜单中的"特性"→"Product Properties"对话框查看其工作特性，如图 2-95 所示。

（2）我们所要绘制的风口是"板式排烟口 800mm×800mm"，发现现有的回风设备内没有我们想用的风口，所以需要进行如下操作：

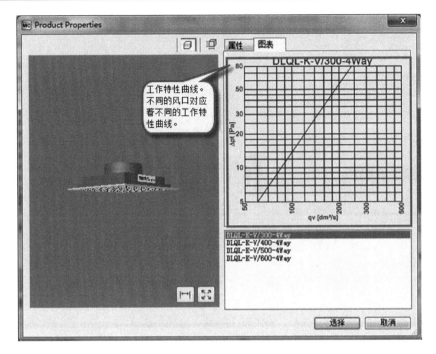

图 2-95

① 在"MagiCAD HPV-请选择产品"对话框中，找到"回风设备"标签下列表框中的"方形顶棚"一栏，单击鼠标右键，在弹出的快捷菜单中单击"选择产品至项目"，添加风口，如图 2-96 所示。

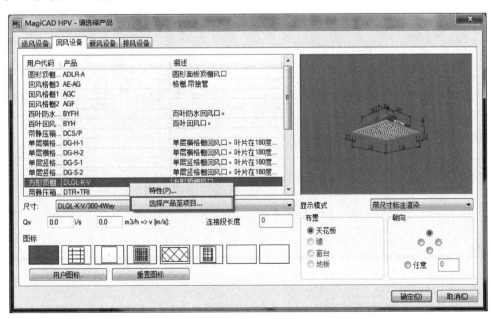

图 2-96

② 在弹出的"Produck Browser"对话框的"添加新的搜索条件"下拉列表框中，单击"连接尺寸"，如图 2-97 所示。之后"Produck Browser"对话框左侧会出现如图 2-98

图 2-97

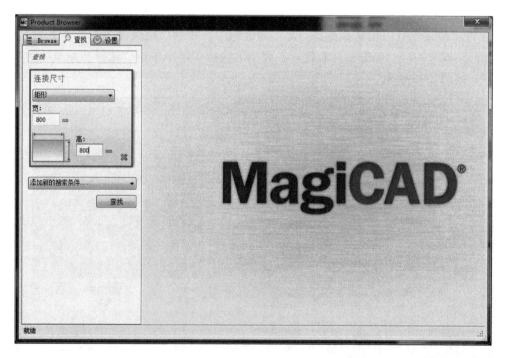

图 2-98

所示的一个新区域，单击"查找"按钮，可在此对话框中间的列表框中选择所需要的尺寸和材质以及与风口系数相匹配的风口，如图 2-99 所示。

选择相匹配的风口"二维图标"，如图 2-100 所示。注意："产品变量"列表框中的"产品变量"、"国家代码"、"超级链接"、"P1"、"P2"等是软件给用户预留的接口，用户

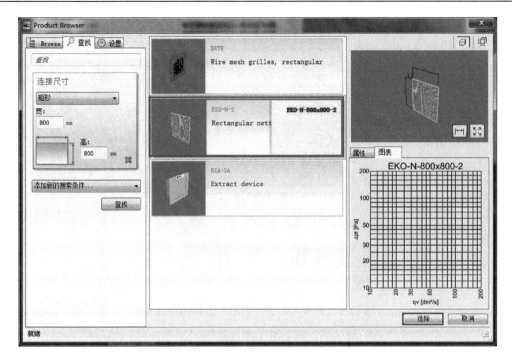

图 2-99

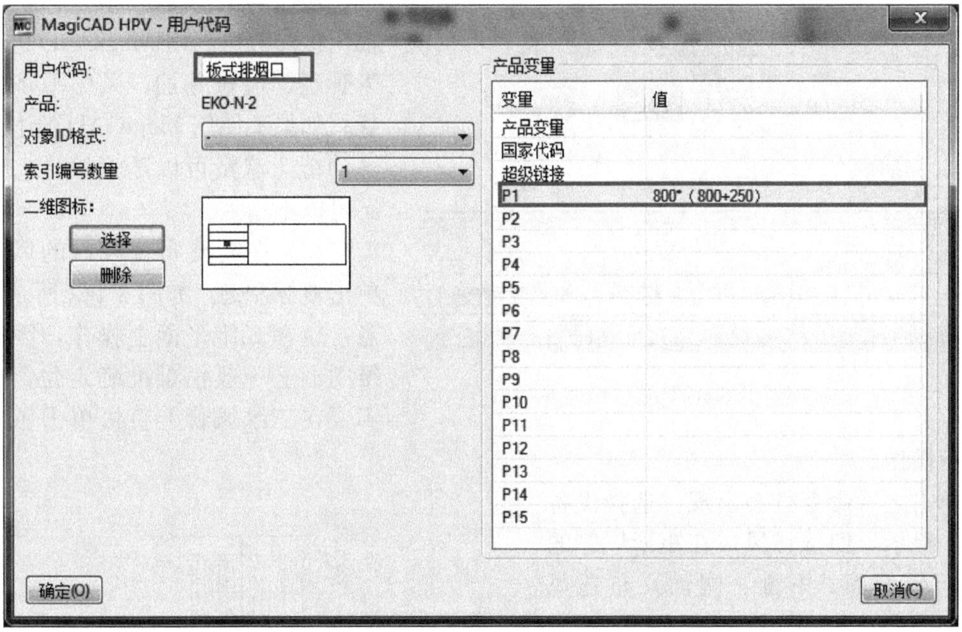

图 2-100

可以在这些预留的接口内给该产品赋予任何想让该产品拥有的信息,比如产品厂家超链接、该产品的进场时间、接收人等信息,并且这些信息是可以在标注或者材料清单统计的时候进行提取的。单击"确定"按钮后,最后的效果如图 2-101 所示。

注意:在图 2-101 中,"Q_v"是风口的流量,该流量必须输入(如果是二次翻模,一

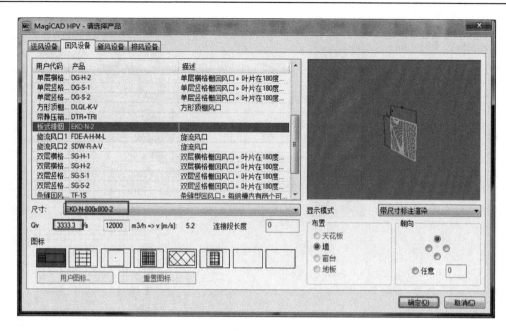

图 2-101

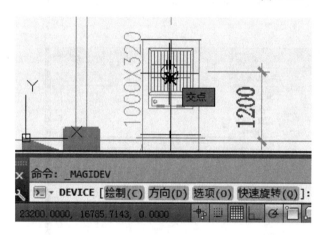

图 2-102

键进行操作。

单击之后命令行会出现"选择设备朝向"提示，即选择风口在矩形风管的哪个面（上面、下面、侧面）布置风口，如图 2-103、图 2-104 所示。

转动光标、二、三维相结合查看，风口转到指定位置后单击鼠标。布置好之后，效果如图 2-105 所示。

在模型空间需要布置风口的管道上单击鼠标左键，会自动弹出"MagiCAD HPV-安装产品"对话框，用同样的方

般可以从图纸上查知），且需要在所选择风口的工作特性曲线范围之内，根据该参数可利用 MagiCAD 进行风管管径、流量叠加、风压平衡等计算；如果不使用 MagiCAD 的上述计算功能，流量可以随意输入，但是不可以不输入。

（3）在需要布置风口的风管上单击鼠标左键，如图 2-102 所示。注意：应在二维平面上操作，因为三维图形上一般很难准确定位，所以不要在三维风管上直接单击鼠标左

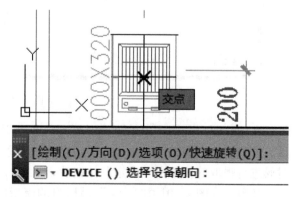

图 2-103

法，完成其他风口的布置。

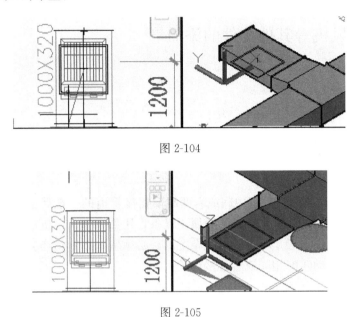

图 2-104

图 2-105

2. 查看其特性

绘制好的风口双击其图形可以查看其相关特性，如图 2-106 所示。

图 2-106

2.4　风阀、风机等其他构件的添加

2.4.1　任务说明

1. 完成风阀、风机等在风管上的添加。
2. 完成从产品库文件添加所需要的构件及设备。

2.4.2　任务分析

在 MagiCAD 里，凡是在管道中间或者两端都要接管道的一般属于构件，典型的比如阀门、风机、水泵等，在管道末端的一般属于设备，比如风口、风机盘管等。

在管道中间的构件一般是不可以单独布置的，必须依附于管道布置，且其尺寸大小可以根据管道尺寸来自动匹配相同或者最接近的尺寸。

2.4.3　任务实施

1. 风阀的添加

（1）风阀安装在管道中间，两端都要接管道，在 MagiCAD 里属于典型的构件。在 MagiCAD 软件中选择通风系统的"构件"，打开"MagiCAD HPV-请选择产品"对话框，如图 2-107、图 2-108 所示。

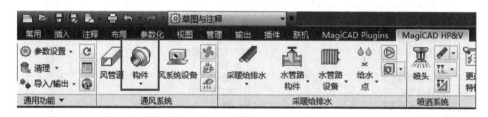

图 2-107

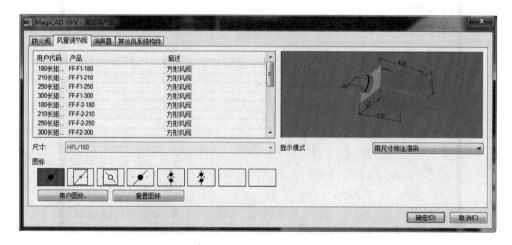

图 2-108

注意:

① 现在能看到的产品, 就是该项目产品库文件 "*.qpd" 内所包含的产品。

② 针对每一款产品, 都可以查看其外形和尺寸, 且可通过单击鼠标右键→快捷菜单中的 "特性" → "Product Properties" 对话框查看其工作特性, 如图 2-109 所示。

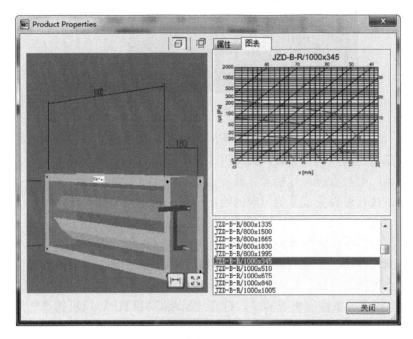

图 2-109

（2）我们所要绘制的风阀是直径为 800mm 的圆形风管上的风量调节阀, 发现现有的风量调节阀尺寸与所要安装的管道的管件相差较大, 所以需要添加新的参数以符合要求, 具体过程与 800mm×800mm 的板式排烟口的添加方法类似, 在第 2、3 节中已做过介绍, 在此不再赘述。完成后效果如图 2-110 所示。

图 2-110

（3）在管道上单击添加风阀，效果如图 2-111 所示。

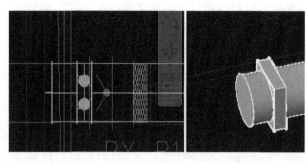

图 2-111

注意：每一种风阀产品会对应很多个不同的尺寸，在管道上添加风阀的时候，我们可以选择不同产品类型的风阀，但是风阀的尺寸是不可以且不需要手动设定的，软件会根据管道的尺寸自动匹配与管道尺寸相等或最接近的风阀。

用同样的方法，可以完成其他风阀的绘制（包括风量调节阀和防火阀）。

2. 风机的添加

通风系统面板内可以直接找到风机的图标🗲。同时风机一般安装在管道中间，两端也都要接管道，所以在通风系统"构件"内也可以找到风机，在管道上的添加方法可参照上述风阀在管道上的添加方法。针对通风系统面板内风机🗲在管道上的添加方法如下：

步骤 1：选择通风系统面板上的🗲，打开"MagiCAD HPV-风机选择"对话框，进行如图 2-112 所示的设置，之后单击"确定"按钮。

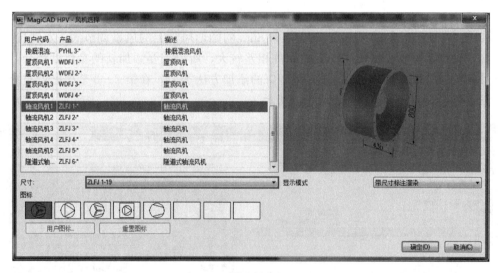

图 2-112

步骤 2：在管道上的相应位置进行布置（与风口布置的方法类似），效果如图 2-113 所示。

用同样的方法，可以完成其他风机的布置。

3. 消音器、止回阀等其他构件的添加

与风阀的添加方法一样。完成之后的效果如图 2-114 所示。

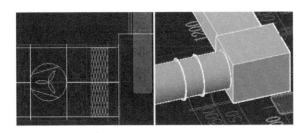

图 2-113

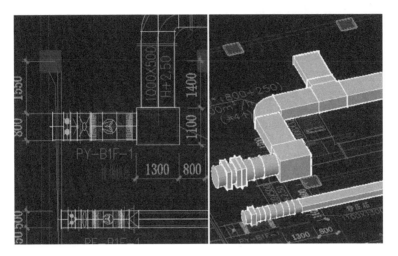

图 2-114

第3章 水专业 MagiCAD 实训

【能力目标】

1. 能够掌握二维底图的处理方法。
2. 能够掌握不同专业水管道的绘制与编辑。
3. 能够掌握阀门在水管道的添加方法及技巧。
4. 能够掌握散热器的布置以及与主管道的连接方法。
5. 能够掌握喷淋系统的绘制以及管径的计算方法。

3.1 实施前的准备

可参照第 2 章第 2.1 节。

3.2 水管道的绘制与编辑

3.2.1 任务说明

依据处理好的原设计二维底图，完成以下工作：

（1）采暖水管的绘制。

（2）喷淋水管主管道的绘制。

（3）排水管道主管道的绘制。

（4）立管的绘制。

3.2.2 任务分析

从"采暖给排水"与"喷洒系统"面板上可以看出有很多关于水管道的绘制命令，它们之间的区别见表 3-1。

单击"采暖给排水"绘制管道命令后，会弹出"MagiCAD HPV-采暖 & 制冷水管道选项"对话框，如图 3-1 所示。该面板为临时浮动面板，管道绘制命令结束后会自动关闭。不建议在绘制过程中，关掉该面板，因为在绘制过程中可以通过"尺寸"等选项，随时修改设定参数，很方便。假如在绘制过程中不小心关掉了，绘制过程中需要再次对风管道设计选项参数进行设定，可通过单击鼠标右键，在弹出的快捷菜单中选择"选项"重新打开该面板。

该浮动面板右下角的 ▼▲ 可打开或者关闭"MagiCAD HPV-采暖 & 制冷水管道选项"对话框的其他详细设定选项，比如"与主绘制管的定位关系"、"保温层"、"高差"、"状态"等，多根管道（大于一根）同时绘制的时候，需要通过"与主绘制管的定位关系"设定管道相对位置关系及间距，其中⊕是供水管道，也是所谓的"主绘制管道"，另外一根管道的位置是以它为参照来进行设定的，除此之外，其他均采用默认值，并且不添加保温层，至于最后需要加保温层，可以通过"更改特性"批量进行修改。因此在进行水管道绘制的时候，我们没有必要按照原设计二维底图上的形式，一边修改如此多的选项一边绘制。

水管道的绘制命令

表 3-1

MC 管道种类	功能	典型特点	注意要点
供、回水管 供、回水管 供水管 回水管	暖通水管道 供、回水可同时一起绘制，也可以单根绘制	有压管道	一定要用对应的 MC 管道种类，绘制对应的专业
冷、热、循环水管 冷、热、循环水管 冷、热水管 热、循环水管 冷水管 热水管 循环水管	生活水管道 冷水、热水、循环水可同时三根一起绘制；也可以两根或者单根绘制	有压管道	
污水管道 污水管线	排水管道 冷凝水管道	① 重力排水管道需要有坡度； ② 生活排水管道一般用45°弯头，不用90°弯头	
气体管道 气体管道	气体管道		
水管道 连接喷洒装置	消防水管道	① 有压管道，针对一些特殊的消防水系统，需要有坡度； ② "连接喷洒装置"命令可专门用于喷头与喷淋管道的批量连接	

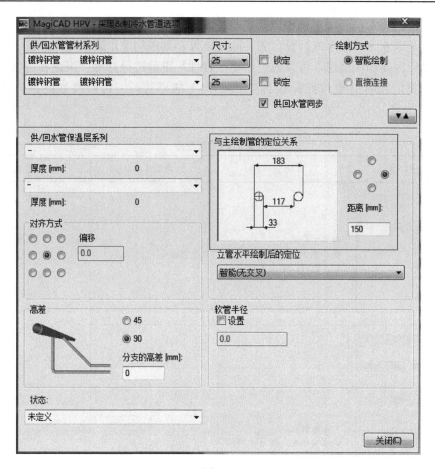

图 3-1

3.2.3　任务实施

1. 暖通水管道的绘制

（1）水平管道的绘制

下面以"四层采暖平面图 . dwg"为例进行暖通水管道的绘制。

1）单击 MagiCAD 中的 🖊供、回水管，如图 3-2 所示。

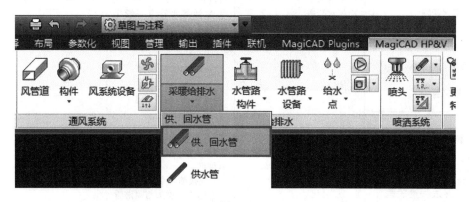

图 3-2

在弹出的"MagiCAD HPV-采暖 & 制冷水管道选项"面板中进行相应的设置,如图 3-3 所示。

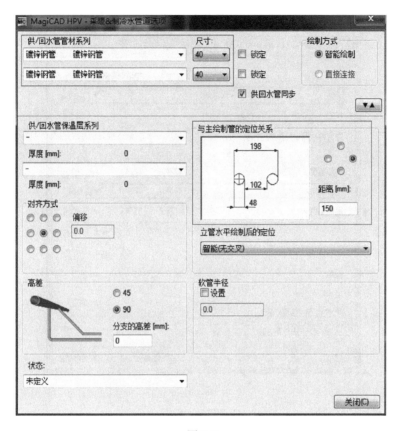

图 3-3

2)在模型空间中单击来指定绘制供水管的起始点,如图 3-4 所示。

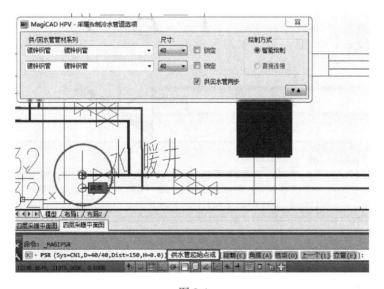

图 3-4

指定完毕后，自动打开"MagiCAD HPV-安装产品"对话框。指定要绘制的系统和标高（针对"顶部高度"、"中心高度"、"底部高度"，根据需要随便指定其中一个高度，另外两个会根据管道的尺寸自动变化），其他保持默认值，单击"确定"按钮，如图 3-5 所示。

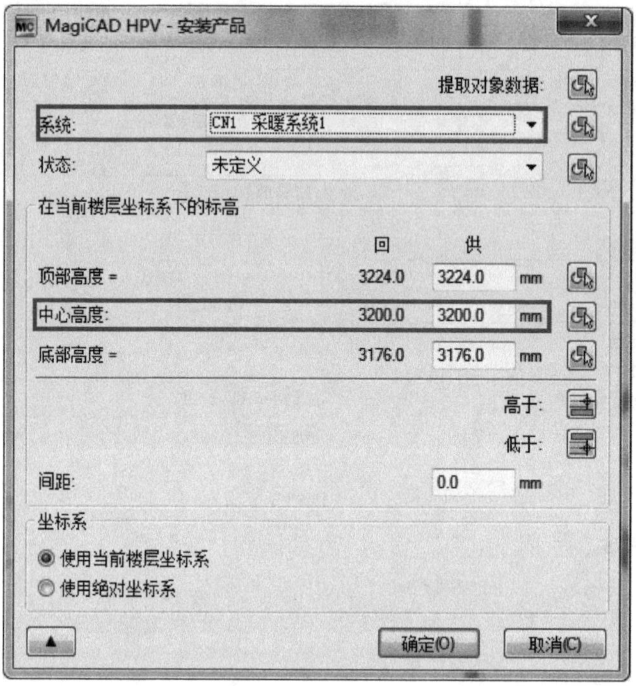

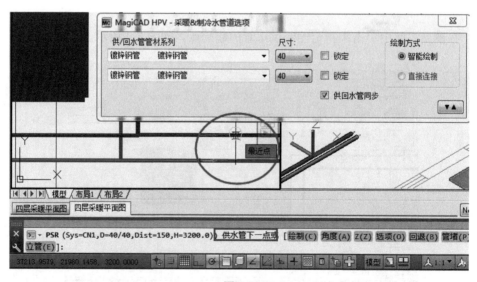

图 3-5

指定所需绘制管道的下一点，如图 3-6 所示。

图 3-6

指定完毕后，在"MagiCAD HPV-采暖 & 制冷水管道选项"面板中更改尺寸，需变径处更改尺寸大小自动生成变径接口，如图 3-7 所示。

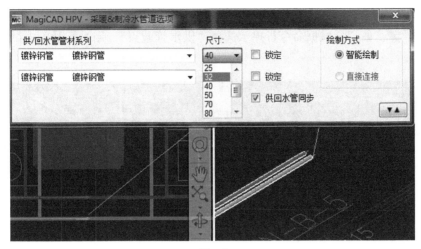

图 3-7

　　绘制完成后查看三维绘制效果，如图 3-8*a* 所示。局部检查避免发生遗漏，如图 3-8*b* 所示。

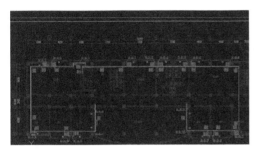

图 3-8*a*

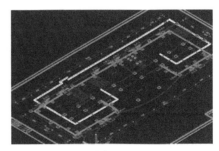

图 3-8*b*

　　绘制结束，临时浮动面板自动关闭，效果如图 3-9 所示。其中水暖井处管道没有连接且立管尚未绘制。

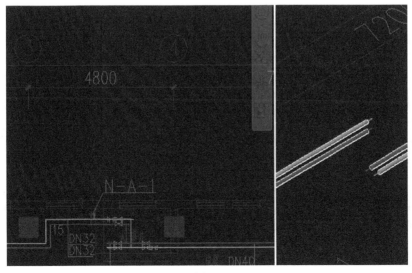

图 3-9

3）为避免交叉碰撞，针对水暖井内供、回水管道，进行局部上翻。选择供、回水管道绘制命令"供、回水管"，根据命令行提示选择"供水管起点"，用光标单击供水管起点，如图 3-10 所示。

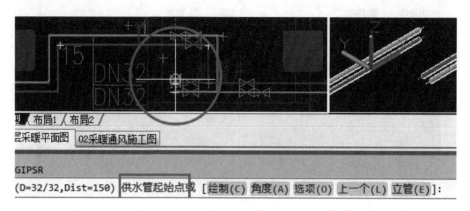

图 3-10

根据命令行提示再单击"回水管起点"，如图 3-11 所示。

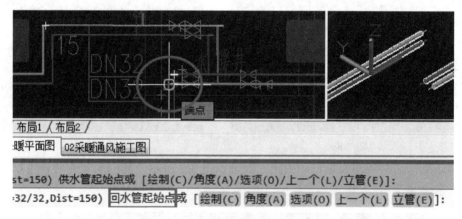

图 3-11

沿供水管道相反方向单击（倒退画管道），如图 3-12 所示。

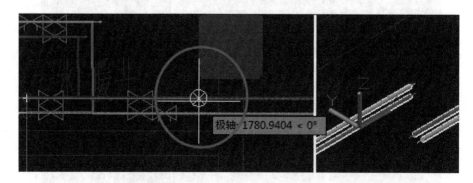

图 3-12

最后的倒退画管道后缩短效果如图 3-13 所示。

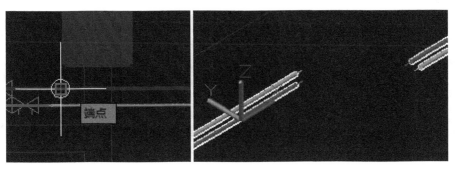

图 3-13

为了画到所需的高度，单击鼠标右键，在弹出的快捷菜单中选择"Z"，如图 3-14 所示。

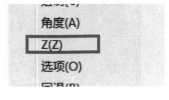

在中心高度中输入"3400"，如图 3-15 所示。

上翻自动生成弯通和所需高度的管道，如图 3-16 所示。完成绘制后的效果如图 3-17 所示。

图 3-14

4）DN32 的供、回水管道与 DN40 的主管道连接。选择供、回水管道绘制命令"供、回水管"，根据命令行提示分别选择 DN32 的供、回水管端点，之后再根据命令行提示分别选择 DN40 管道上的连接处（生成三通的位置）完成连接，如图 3-18 所示。

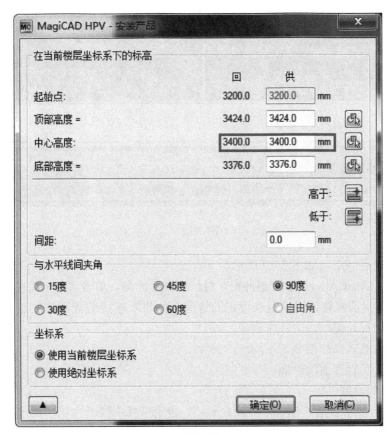

图 3-15

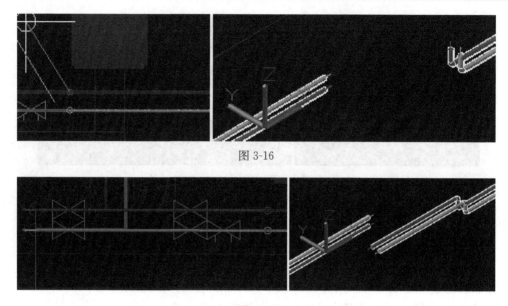

图 3-16

图 3-17

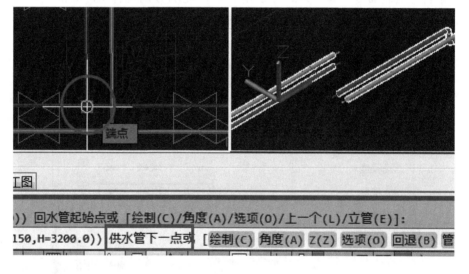

图 3-18

指定回水管下一点，如图 3-19 所示。

此处出现"MagiCAD HPV-管道冲突"对话框提示冲突，单击"确定"按钮，如图 3-20 所示。注意：如当前水管道设定选项设定的管道尺寸与要连接的管道的尺寸设定值不一致时，软件就会出现此提示，为正常现象。

连接完成后的效果如图 3-21 所示。

（2）立管及垂直管道的绘制

1）主立管的绘制

① 选择供、回水管道绘制命令"🔩供.回水管"，分别选择 DN40 主供、回水管道端点，如图 3-22 所示。

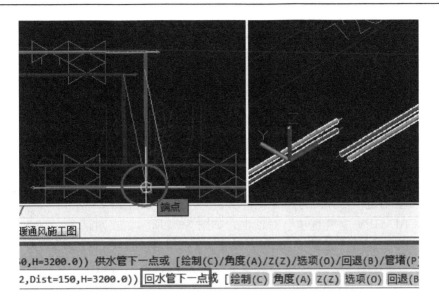

图 3-19

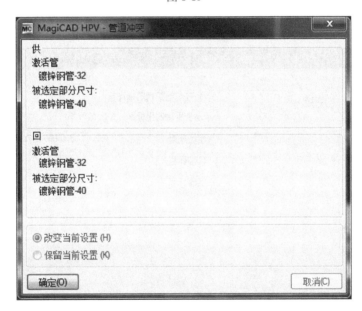

图 3-20

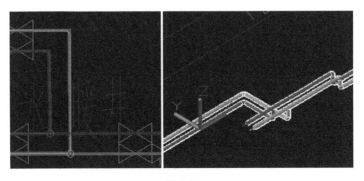

图 3-21

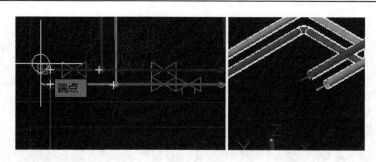

图 3-22

② 单击鼠标右键，在弹出的快捷菜单中选择"立管"（见图 3-23），弹出"MagiCAD HPV-立管选项"对话框，如图 3-24 所示。在对话框中的"目的地"标签中选择"向下"，单击"确定"按钮。注意："目的地"指的是该层立管是否还要继续与其上层或者下层管道继续连接，选择"向上"或者"向下"之后，生成垂直管道的同时，还会自动生成一个向上或者向下的连接点，通过连接点可以保证

图 3-23

上、下层相连接的管道能够自动对齐，而且将来若有计算还可以保证数据的有效传递。

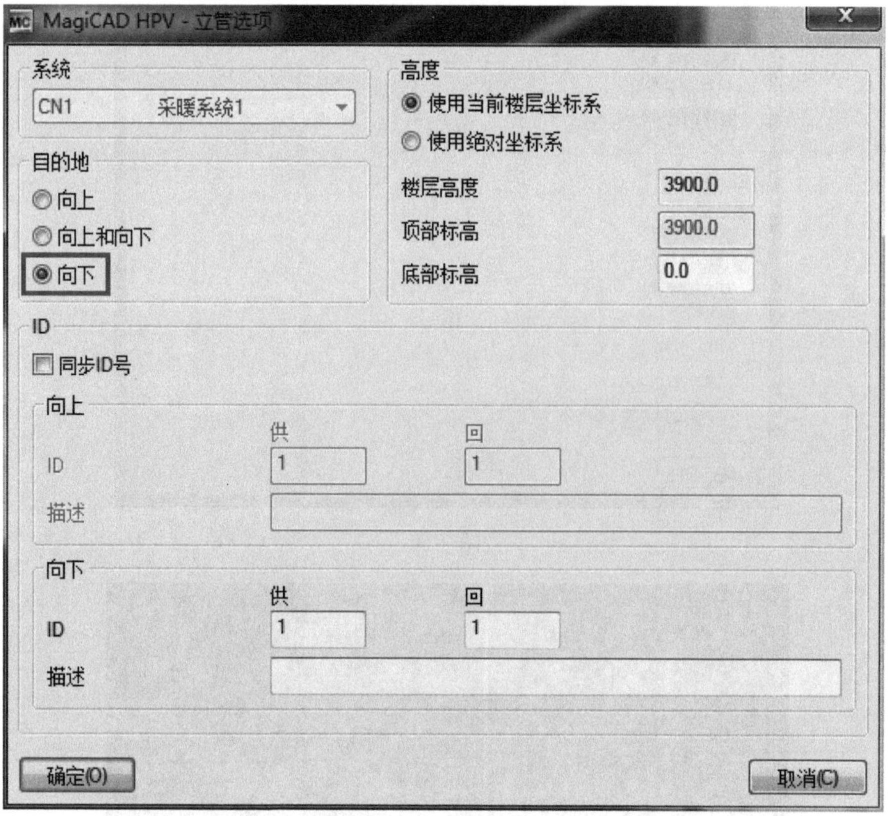

图 3-24

③ 绘制好之后，效果如图 3-25 所示。

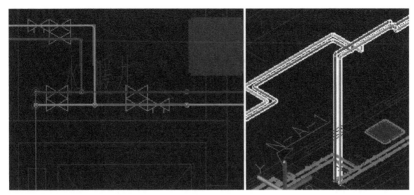

图 3-25 生成立管

2）立管顶部用于排气的垂直管道的绘制

① 选择"供、回水管"绘制命令，如图 3-2 所示。自动弹出"MagiCAD HPV-采暖 & 制冷水管道选项"对话框，以及命令行出现指定"供水管起始点"，如图 3-26 所示。

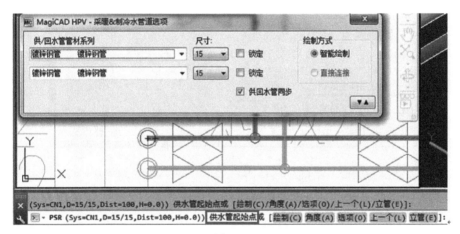

图 3-26

单击要绘制"排气用垂直管道"的供水立管顶端，出现"MagiCAD HPV-选择部件"对话框，选择"弯头"，确定是否符合要求，单击"确定"按钮，如图 3-27 所示。

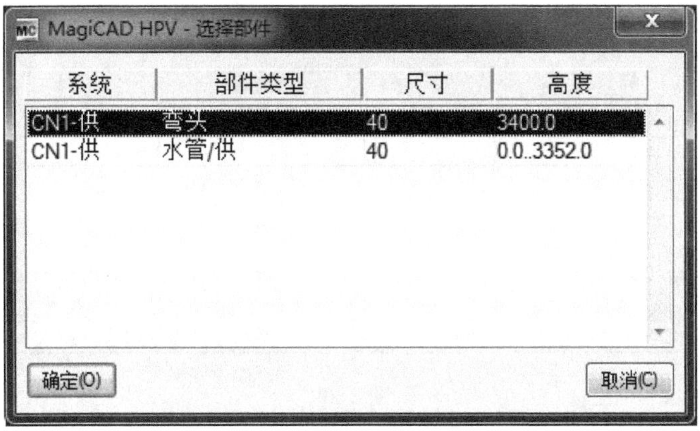

图 3-27

注意：出现该提示是正常现象。由于靶框范围内包含两个对象"弯头和立管"，所以软件提示是想要从弯头处引出管道，还是要从立管处引出管道。

用同样的方法，选择回水管道的绘制起点，确定设置是否符合要求，同样在"MagiCAD HPV-选择部件"对话框中单击"确定"按钮。之后会自动弹出"MagiCAD HPV-管道冲突"对话框（这是正常现象），选择"保留当前设置"，单击"确定"按钮，如图 3-28 所示。

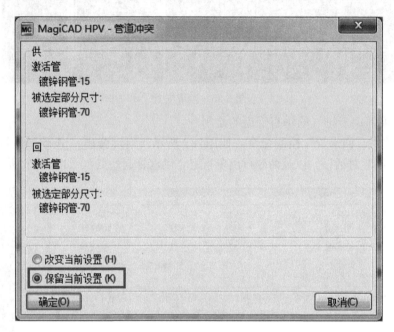

图 3-28

② 通过单击鼠标右键，在弹出的快捷菜单中单击"Z（Z）"或者在命令行输入"z"，绘制垂直管道，如图 3-29 所示。

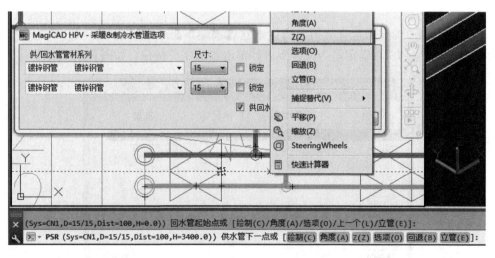

图 3-29

在弹出的"MagiCAD HPV-安装产品"对话框中，在中心高度中输入"3600"，如

图 3-30 所示。

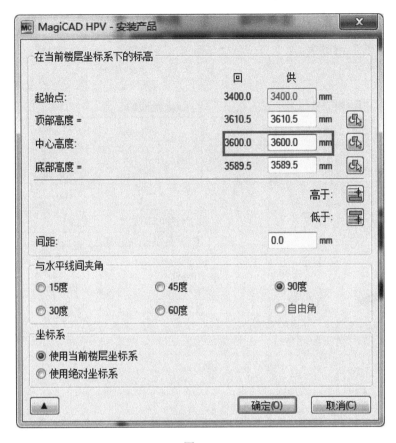

图 3-30

绘制完成后确认管道生成的模型，如图 3-31 所示。

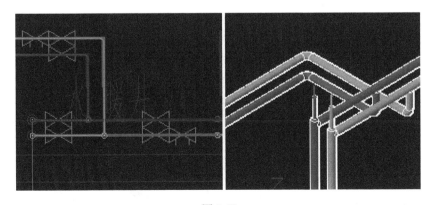

图 3-31

3）各散热器支管、立管的绘制

① 选择供、回水管道绘制命令"供、回水管"，针对水管道选项可进行如下设定（分支的高差处设定为−200mm，说明从主管引出支管的时候，支管标高自动比主管低−200mm），完成后单击"关闭"按钮，如图 3-32 所示。

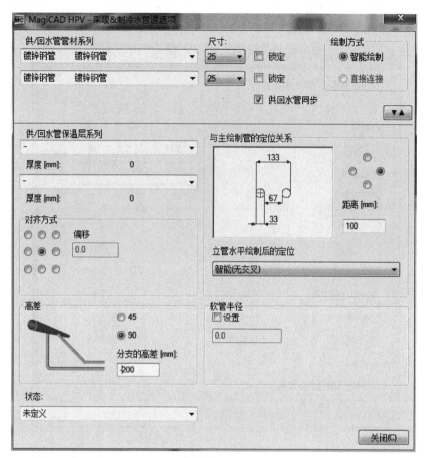

图 3-32

② 指定供水管起始点，如图 3-33 所示。

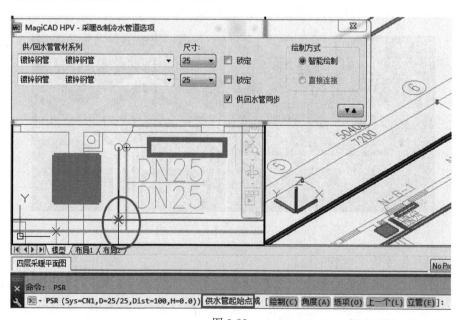

图 3-33

③ 指定回水管起始点，如图 3-34 所示。之后自动弹出"MagiCAD HPV-管道冲突"对话框（这是正常现象），选择"保留当前设置"，单击"确定"按钮，如图 3-35 所示。

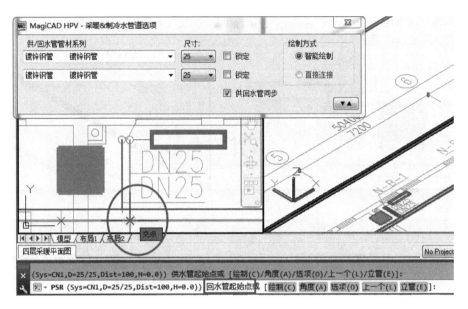

图 3-34

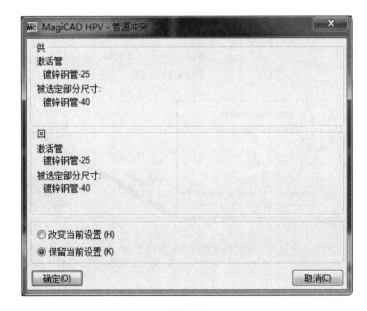

图 3-35

④ 指定供水管下一点位，如图 3-36 所示。

⑤ 指定供回水与设备的连接位置，如图 3-37 所示。

⑥ 单击鼠标右键，在弹出的快捷菜单中选择"立管"，生成与设备连接的立管，如图 3-38 所示。

确认生成管道信息，确认无误后单击"确认"按钮，如图 3-39 所示。

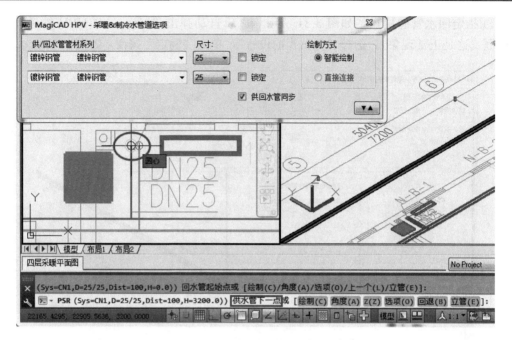

图 3-36

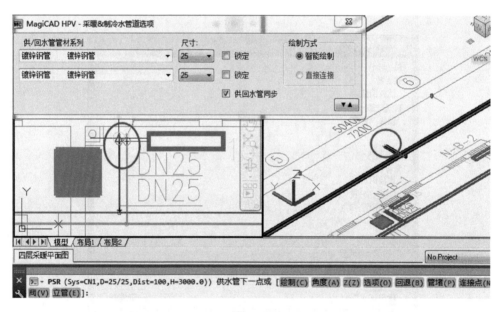

图 3-37

图 3-38

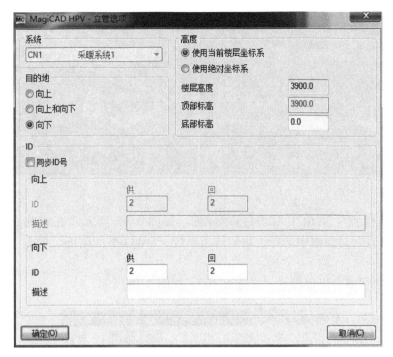

图 3-39

生成管道平面视口与三维视口查看效果，如图 3-40 所示。

图 3-40

⑦ 用同样的方法绘制其他分支立管，效果如图 3-41 所示。

（3）下层立管的绘制

打开"三层采暖平面图．dwg"，完成该层立管的绘制，并保证与四层相连接立管的相互对齐。

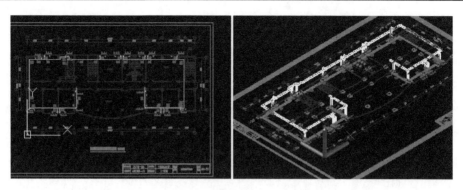

图 3-41

1）在"连接点"菜单中单击  ，如图 3-42 所示。在弹出的"MagiCAD HPV-引入连接点"对话框中选择绘制的管道系统、DWG 平面图纸，单击"确定"按钮，如图 3-43 所示。

连接到下层管道会出现提示"连接点 40"，如图 3-44 所示。

图 3-42

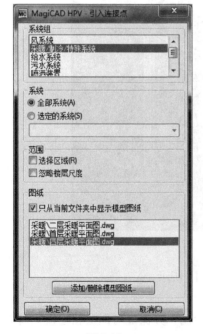

图 3-43

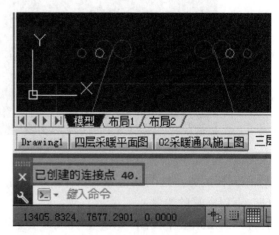

图 3-44

2）利用生成的连接点完成三层立管的绘制，效果如图 3-45 所示。

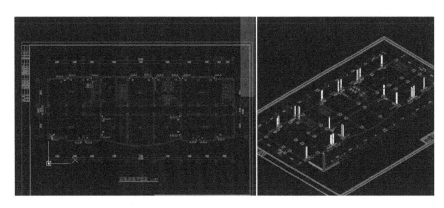

图 3-45

2. 消防水管道的绘制

（1）管径≥DN50 的喷淋管道的绘制。不直接完成所有喷淋管道最主要的原因是如果在管线综合之前一次完成所有喷淋管道的绘制，会有很多的末端支管及喷头，这样在进行管线综合的时候，会有很多的碰撞；并且喷头数量很多的话，计算机反应速度会明显降低。

图 3-46

打开"地下一层给排水及消防平面图 . dwg"，选择喷洒系统面板消防水管道绘制命令（见图 3-46），并对"Magi-CAD HPV-喷洒系统水管选项"进行设置，如图 3-47 所示。

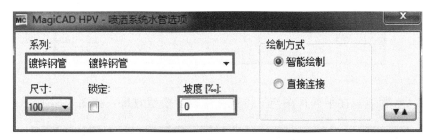

图 3-47

绘制完成后，用平面视图和三维视图查看模型成果，效果如图 3-48 所示。

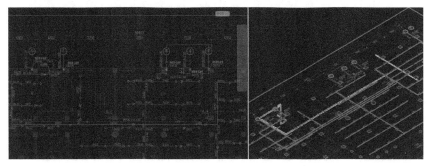

图 3-48

（2）用同样的方法可完成该层消火栓系统主管道的绘制。

3. 排水管道的绘制

卫生间排水干管的绘制。针对生活水排水管道，不建议一次性地把排水设备以及支管画完整，原因是：如果排水干管已经通过支管与排水设备连接，由于排水管道一般带坡度，一旦涉及对排水管道的修改会很困难。

图 3-49

打开"1 号卫生间给排水详图.dwg"，选择采暖给排水面板污水管线绘制命令（见图 3-49），并对"MagiCAD HPV-污水管选项"进行设置，完成排水干管的绘制，如图 3-50 所示。

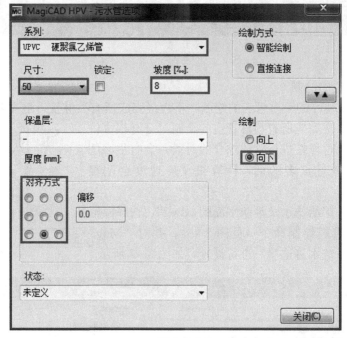
图 3-50

绘制完污水管道，在平面视图与三维视图中查看模型效果，如图 3-51 所示。

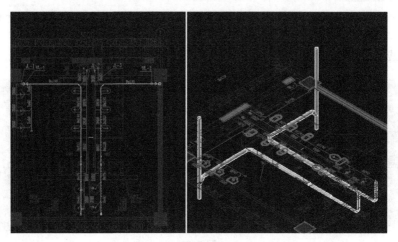
图 3-51

3.3　阀门的添加与编辑

3.3.1　任务说明

依据处理好的原设计二维底图，完成以下任务：

（1）阀门的布置。

（2）排气阀的布置。

（3）消火栓的布置。

3.3.2　任务分析

MagiCAD 阀门有很多，其一般分类如图 3-52 和表 3-2 所示。

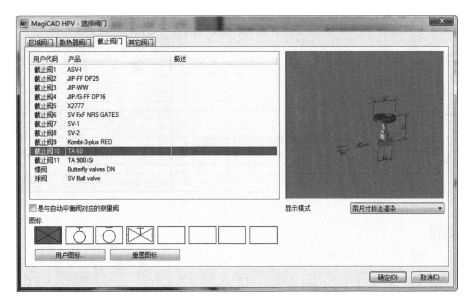

图 3-52

阀门的分类	表 3-2
阀门分类	作用
区域阀门	流量调节作用
散热器阀门	散热器专用
截止阀门	打开关闭作用
其他阀门	其他作用，典型代表：水流指示器、止回阀、水泵柔性接口

3.3.3　任务实施

1. 阀门的添加

打开"四层采暖平面图.dwg"，以此图为例进行阀门的添加与编辑说明。

图 3-53

（1）水平管道上阀门的布置

1）选择采暖给排水功能面板阀门命令（见图 3-53），打开"MagiCAD HPV-选择阀门"对话框，如图 3-54 所示。在对话框中，选择想用的阀门，之后单击"确定"按钮。

2）在所需阀件的管路上单击鼠标左键插入阀件，如图 3-55 所示。

3）根据生成的阀件调整阀件方向，如图 3-56 所示。

注意：阀门在管道上布置的时候，存在一个阀柄方向和朝向的问题。针对一般的水管道构件：

① 能一次性把阀门的位置放好吗？如果把所要放置阀门的管道当作 x 轴，放置点作为坐标原点，那么当指定放在第一或者第三象限时，阀门的位置一般都是正的。该条规律

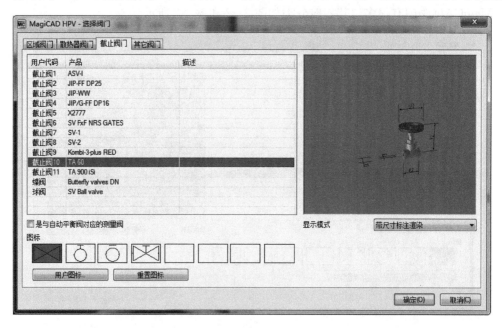

图 3-54

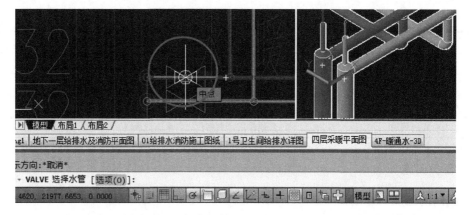

图 3-55

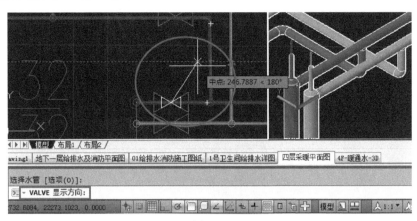

图 3-56

不仅适用于阀门，而且适用于其他所有构件。

　　② 万一布置的时候阀门的方向不对，怎么办呢？可以用软件的"三维旋转"功能进行修正。排气阀、压力表、温度计、消火栓、冷机等属于其他水管路构件 其它水管路构件，要特殊记忆，从软件里找到其位置。

　　在供水管上插入的阀门在绘制时选择了第一和第三象限的位置生成的效果，如图 3-57 所示。在回水管上插入的阀门在绘制时选择了第二和第四象限的位置生成的效果，如图 3-58 所示。

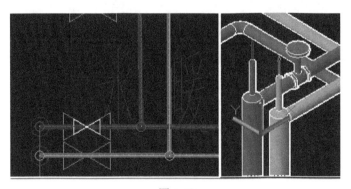

图 3-57

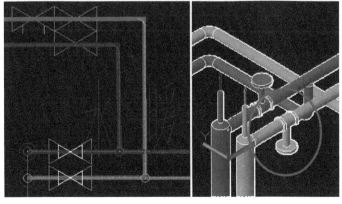

图 3-58

4）单击任务栏"修改"选项卡下的"三维旋转"，如图 3-59 所示。结合平面视图和三维视图对阀门进行旋转，如图 3-60 所示。

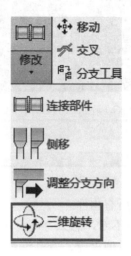

图 3-59

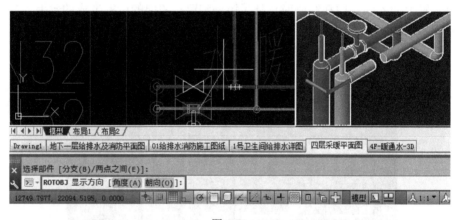

图 3-60

5）完成后，视图效果如图 3-61 所示。

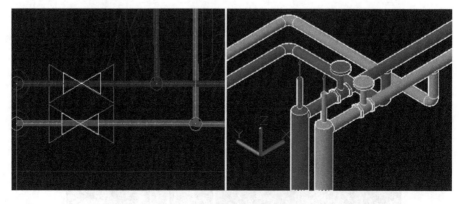

图 3-61

（2）垂直管道阀门的布置

1）用同样的方法，选择球阀，如图 3-62 所示。

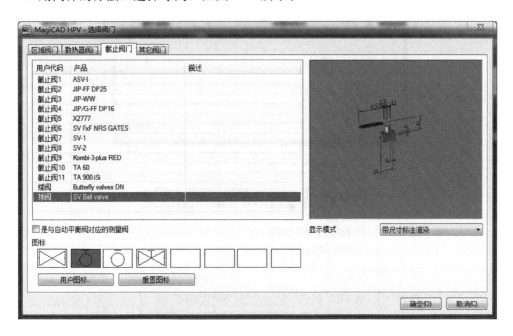

图 3-62

2）在平面视图上单击鼠标左键放置阀门，如图 3-63 所示。

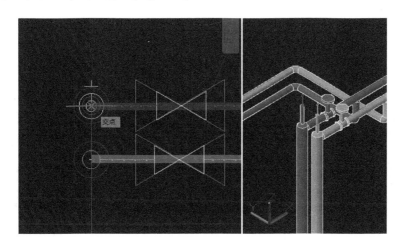

图 3-63

3）确认管道管径，选择管径为 DN15 的垂直管段，之后单击"确定"按钮，如图 3-64 所示。弹出"MagiCAD HPV-选择部件"对话框，查看阀件放置高度，无误后，单击"确定"按钮，如图 3-65 所示。

4）结合平面视图和三维视图调整阀门放置位置，如图 3-66 所示。

5）放置好后，在三维中查看阀门位置调整方向，完成布置，如图 3-67 所示。

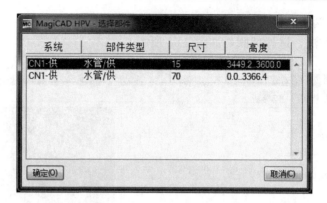

图 3-64

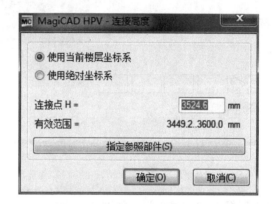

图 3-65

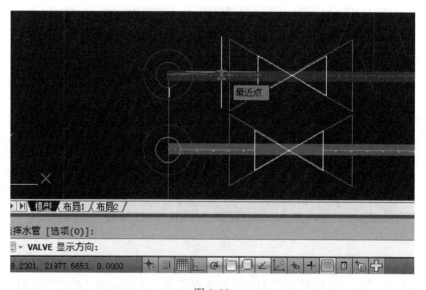

图 3-66

2. 其他水管路构件的布置

（1）以自动排气阀为例

1）单击"水管路构件"菜单中的"其他水管路构件"，如图 3-68 所示。

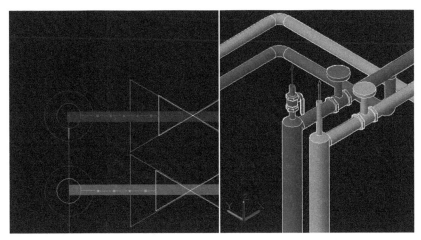

图 3-67

2）选择所要配件的三维视图效果，如图 3-69 所示。

3）单击鼠标左键，放置到阀件端口与阀门连接，如图 3-70
所示。之后弹出"MagiCAD HPV-选择部件"对话框，选择无误
后单击"确定"按钮，如图 3-71 所示。由于该垂直管道包含了一
个"开放端口"以及一个"垂直管段"，且排气阀在这两个对象上
都可以布置，故软件出现图 3-71 所示的提示选择在哪个对象上进
行布置。

4）结合平面视图和三维视图调整阀门放置位置，如图 3-72
所示。

5）放置好后，在三维中查看阀门位置并调整方向，完成布
置，如图 3-73 所示。

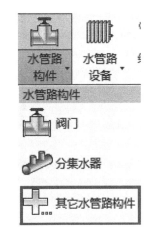

图 3-68

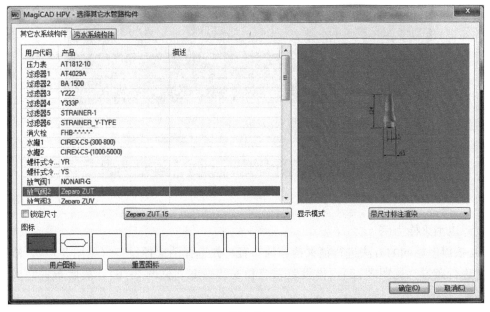

图 3-69

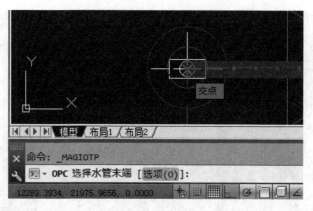

图 3-70

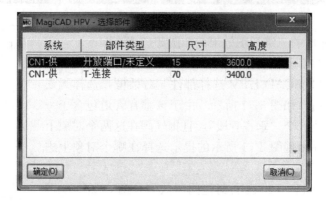

图 3-71

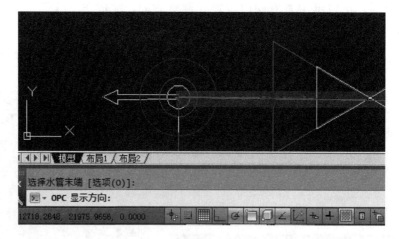

图 3-72

（2）以消火栓为例

1）按以上相同的方法进行消火栓箱的布置。先选择消火栓设备（见图 3-74），然后指定位置进行布置（见图 3-75），再设定系统和安装高度（见图 3-76），最后布置完成（见图 3-77）。

2）消火栓箱与管道的连接。单击选中消火栓箱，可通过单击消火栓箱"✚"热夹点，

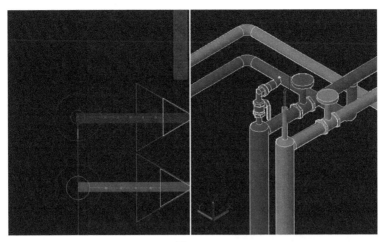

图 3-73

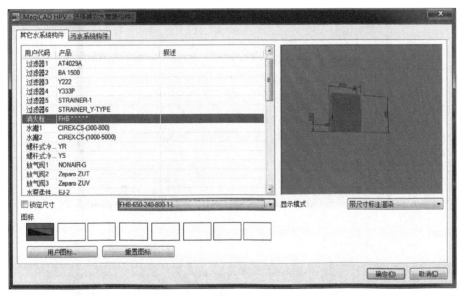

图 3-74

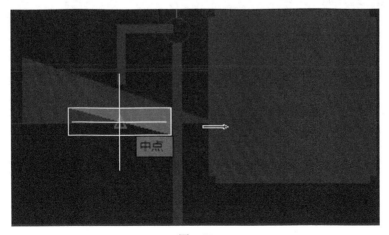

图 3-75

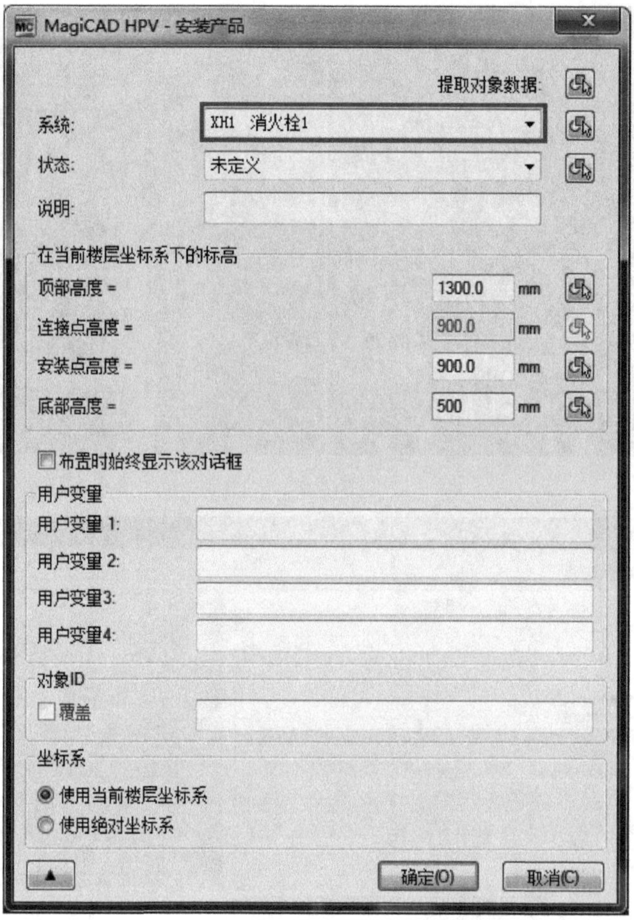

图 3-76

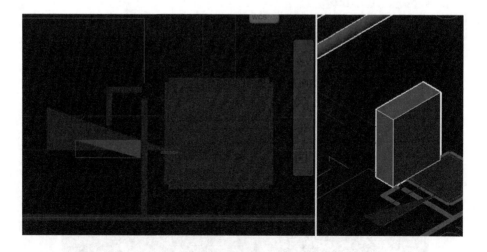

图 3-77

执行从消火栓引出管道的命令，如图 3-78 所示。

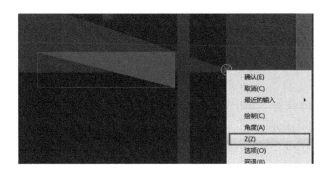

图 3-78

3）按相同的方法，完成其他消火栓的绘制（见图 3-79）。

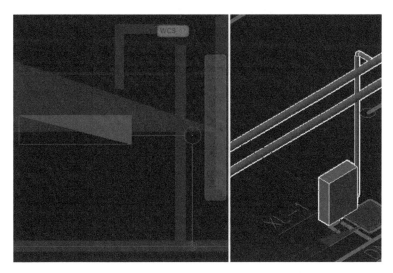

图 3-79

3.4　散热器的添加与编辑

3.4.1　任务说明

1. 完成散热器的布置。
2. 完成散热器与管道的连接。

3.4.2　任务分析

散热器的布置涉及散热器的选型，要能够正确选型；散热器与管道连接的时候，建议利用散热器自身"热夹点"引出管道的方法与主管道连接。

散热器与散热器之间，很多型号以及相对主管道的位置关系是完全一样或者仅仅方向不一样，可以充分利用 MagiCAD 复制分支的方法连同散热器及其支管不断复制，可以大大地提高绘图效率。

3.4.3 任务实施

打开"四层采暖平面图.dwg",以此图为例进行散热器的添加与编辑说明。

1. 散热器的选型

(1) 单击"水管路设备"菜单中的"散热器"选项,弹出"MagiCAD HPV-散热器选择"对话框,如图 3-80 所示。

(2) 在"MagiCAD HPV-散热器选择"对话框中选择相匹配的散流器,如图 3-81 所示。

图 3-80

在"MagiCAD HPV-散热器选择"对话框中单击"选择尺寸(S)"按钮(见图 3-81),弹出如图 3-82 所示的"MagiCAD HPV-散热器自动选择"对话框。软件可以自动计算寻找符合设定要求的散热器,其中包含图 3-81 中设定的采暖散热器产品类型" 翅片散... Charleston-3-500-900 "、需求散热量"1075W"等,进而散热器的片数也确定了。对散流器的设备属性进行确认,单击"确定"按钮,返回"MagiCAD HPV-散热器选择"对话框,单击"确定"按钮。

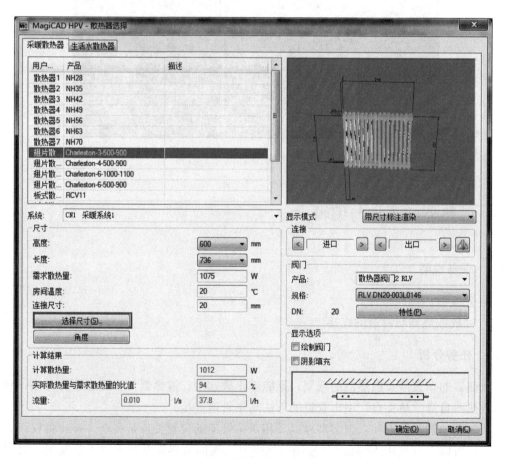

图 3-81

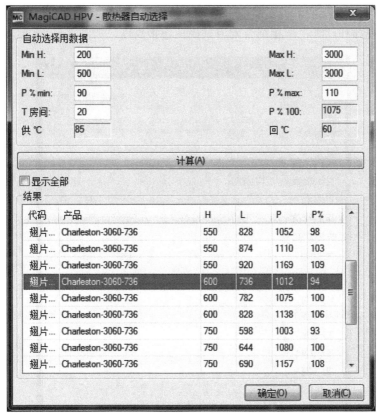

图 3-82

2. 散热器的布置

散热器选择完后，绘图区会自动出现散热器的平面图，移动光标至放置位置，单击鼠标左键确定，如图 3-83 所示。之后弹出"MagiCAD HPV-安装产品"对话框，提示选择

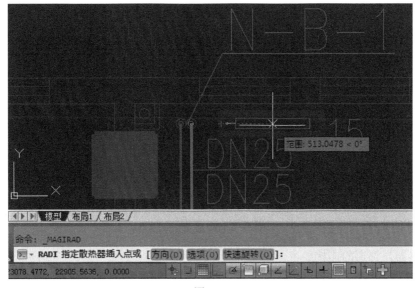

图 3-83

管道系统散热器与管道连接的高度，按图 3-84 所示进行设置。设置完毕后，单击"确定"按钮，以平面视图和三维视图相结合的方式确认连接高度，如图 3-85 所示。

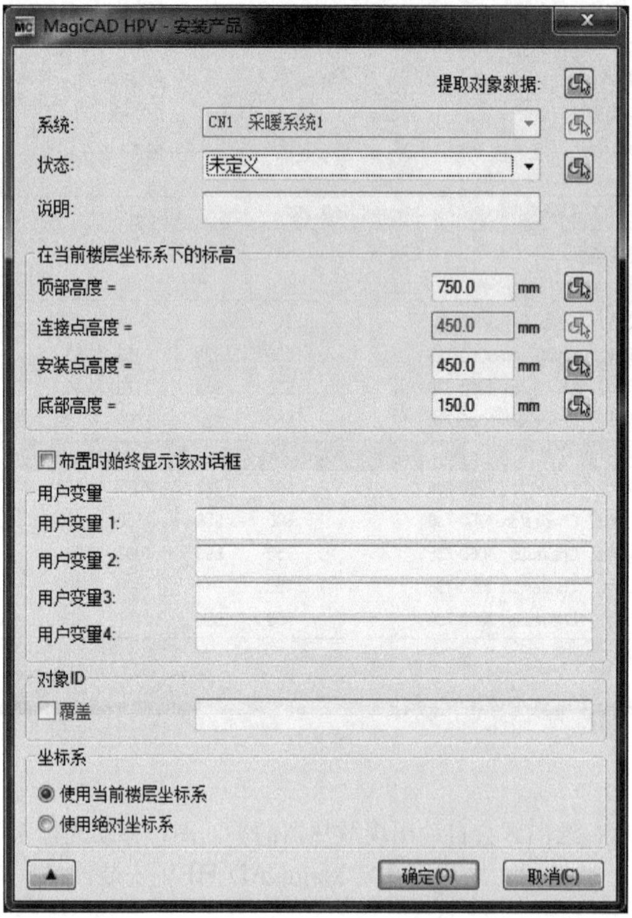

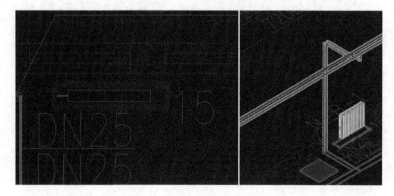

图 3-84

图 3-85

3. 散热器与管道的连接

选择散热器并单击"十字形热夹点"执行绘制管道命令，如图 3-86 所示。弹出"MagiCAD HPV-管道冲突"对话框（见图 3-87），确认连接管道尺寸，单击"确定"按钮。注意：检测管道冲突是正常现象。

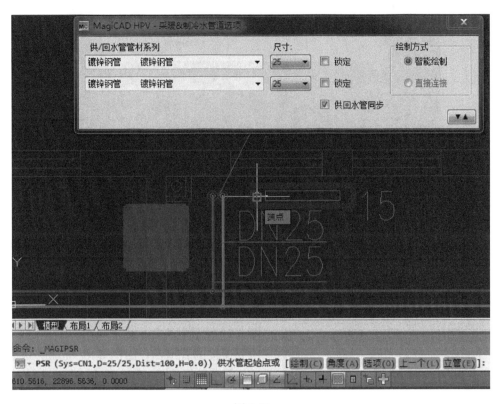

图 3-86

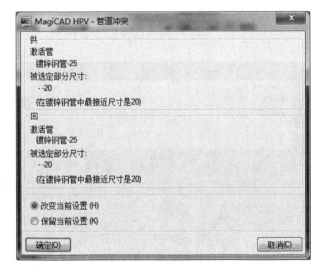

图 3-87

返回界面，在"MagiCAD HPV-采暖 & 制冷水管道选项"对话框中查看管道材料以及连接方式，按图 3-88 所示中的命令行"供水管下一点"单击所要连接的管道，弹出图 3-89 所示的对话框，选择黑色条框的所在行，单击"确定"按钮。

图 3-88

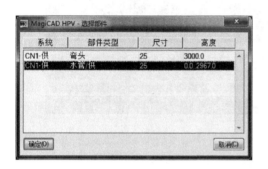

图 3-89

返回界面，在"MagiCAD HPV-采暖 & 制冷水管道选项"对话框中确认管道材质，按图 3-90 所示中的命令行"回水管下一点"单击所要连接的管道，弹出图 3-91 所示的对话框，选择黑色条框的所在行，单击"确定"按钮。

之后弹出"MagiCAD HPV-管道冲突"对话框，如图 3-92 所示，确认管道尺寸无误后单击"确定"按钮，完成连接。可用平面视图与三维视图查看模型，如图 3-93 所示。

图 3-90

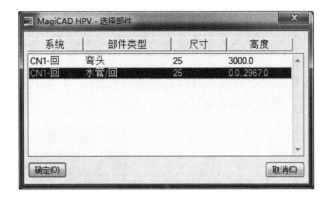

图 3-91

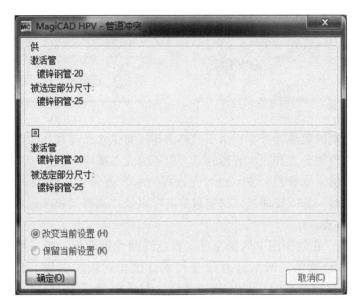

图 3-92

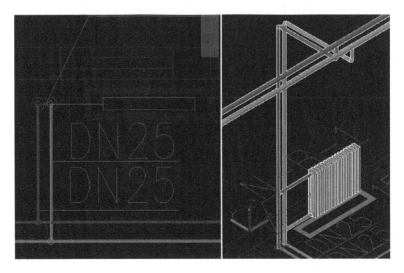

图 3-93

4. 散热器分支的复制（仅作为练习）

进行散热器分支的复制，需要首先选择要复制的散热器分支，之后再指定要复制散热器分支的主管道连接位置。

在 MagiCAD 界面中打开"分支工具"选项卡（见图 3-94），选择"分支工具"菜单中的"复制分支"选项，如图 3-95 所示。

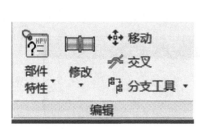

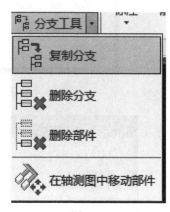

图 3-94   图 3-95

（1）选择要复制的散热器分支：由于散热器连接有供水管道和回水管道，需要分别选择该散热器的供水管道分支和回水管道分支，但不分先后顺序。

选择该散热器的供水管道分支（也可先选择回水管道分支）：MagiCAD 内按"分支"方式进行选择的时候，均需要通过"指定根节点"以及"选择（根节点所连接）管道（分支）"方式来选定分支。

① 指定根节点：在绘图区中鼠标左键（黄色圆圈光标靶框）单击要复制的分支管道的根节点，即该散热器供、回水管道分支与主管道相连接的三通（或叫 T-连接），如图 3-96 所示，弹出"MagiCAD HPV-选择部件"对话框（使用 MagiCAD 时，只要"黄

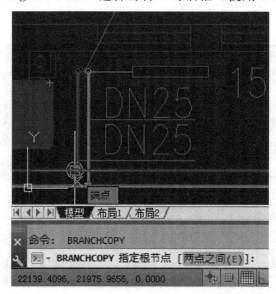

图 3-96

色圆圈光标靶框"所单击选择范围内多于一个对象时，均会自动弹出该对话框，用于让用户确定所要选择的对象，后同），在该对话框中选择"T-连接"，如图 3-97 所示，单击"确定"按钮，该对话框自动关闭，返回绘图区域，完成根节点的指定，如图 3-98 所示。

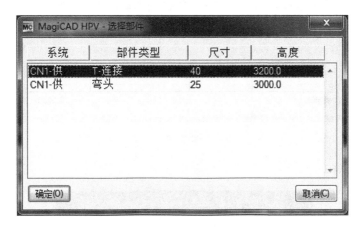

图 3-97

图 3-98

② 指定管道：根节点处（此处为三通）会有多个分支，需要再通过指定该根节点直接连接的管道（此处为三通下接的垂直短管），以确定所要选择的分支。如图 3-98 所示，黄色圆圈光标靶框在该分支下接三通处用鼠标左键单击，自动弹出图 3-99 所示的"Magi-CAD HPV-选择部件"对话框，选择"DN25 3033-3175"三通下接的垂直短管，单击"确定"按钮，该对话框自动关闭，返回绘图区域，完成该分支管段的指定。

同样的方法，选择该散热器的回水管道分支，如图 3-100～图 3-102 所示，完成选择后，该散热器分支会以虚线显示。

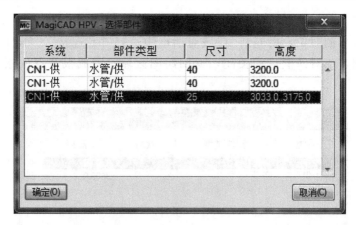

图 3-99

① 指定根节点：

图 3-100

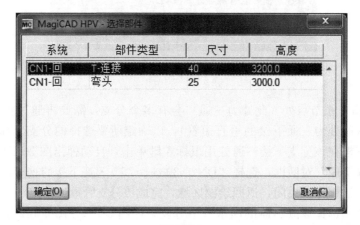

图 3-101

② 指定管道：

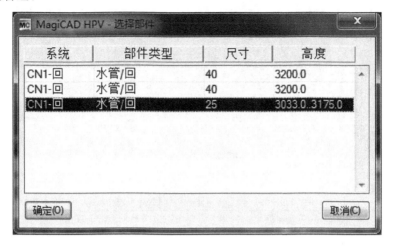

图 3-102

（2）指定要复制的散热器分支连接位置：需按命令行提示，先指定供水管道连接点，再指定回水管道连接点。

指定散热器供水管分支的连接点：如图 3-103 所示，黄色圆圈光标靶框在要连接散热器分支的供水管主管道处用鼠标左键单击。

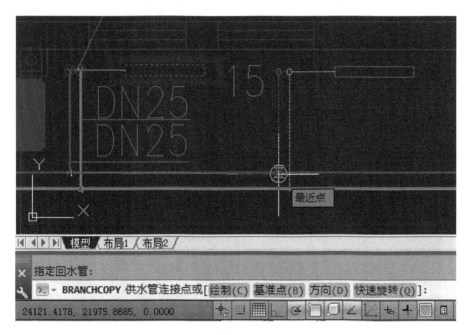

图 3-103

指定散热器回水管分支的连接点：如图 3-104 所示，黄色圆圈光标靶框在要连接散热器分支的回水管主管道任意处用鼠标左键单击，完成该处散热器分支的复制，如图 3-105 所示，可以继续在其他位置复制，如不继续绘制，可按空格键或回车键完成散热器分支的复制，如图 3-106 所示。

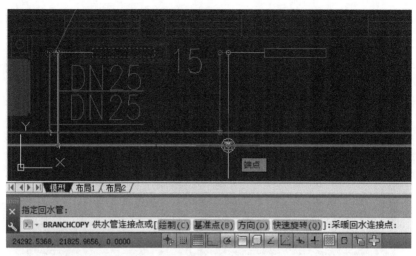

图 3-104

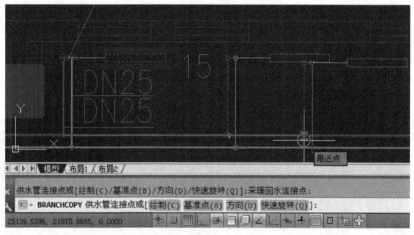

图 3-105

结合平面视图和三维视图确认放置位置和尺寸，如图 3-106 所示。

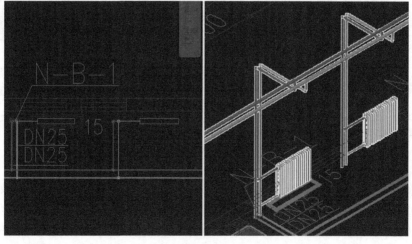

图 3-106

3.5　喷头的添加及喷淋管径计算

3.5.1　任务说明

1. 完成喷头的布置。
2. 完成喷头与主管道的连接。
3. 完成喷淋管径的自动计算。

3.5.2　任务分析

（1）喷头数量一般会很多，并且布置相对有规律，可以充分利用 MagiCAD 喷头阵列布置的功能。

（2）针对喷头与主管道的连接，MagiCAD 有专门的"🎋 连接喷洒装置"命令，可以很高效地实现喷头与主管道的批量连接。

（3）绘制完成的喷淋系统，可以通过 MagiCAD "Ⅲ 喷洒系统管径选择"命令，进行管径的自动计算，无需手动更改每根管径。通过该命令进行管径自动计算时，其计算规则也是可以根据项目实际情况进行设定的。

（4）喷头数量一般会很多，如果喷头数量过于庞大，为避免系统太"卡"，建议使用非真实外形喷头，而不是使用"真实喷头"类型。

3.5.3　任务实施

1. 喷头的布置

MagiCAD HPV 选项卡"喷洒系统"面板内，鼠标左键单击选择"喷头"命令（见图 3-107），软件自动弹出"MagiCAD HPV-喷洒装置选择"对话框，如图 3-108 所示。

图 3-107　喷头命令

在"MagiCAD HPV-喷洒装置选择"对话框内进行喷头选择设定，详细设定可见图 3-108，设定完成后单击"确定"按钮，完成设定，该对话框自动关闭，返回绘图区域，如图 3-109 所示，开始喷头的布置，此时可通过单击鼠标左键逐一单个布置，也可通过单击鼠标右键，选择"阵列（A）"进行批量布置。

（1）单个布置

单个喷头直接放置，如图 3-110 所示。

该分支剩下的喷头可以用复制或者"*"创建类似的方法进行布置，如图 3-111 所示。

（2）阵列布置

阵列多个布置，如图 3-112 所示。

设置各个喷头之间的间距，如图 3-113 所示。

确认喷头之间的距离，如图 3-114 所示。

框选所要布置的喷头区域，自动生成喷头完成布置，如图 3-115 所示。

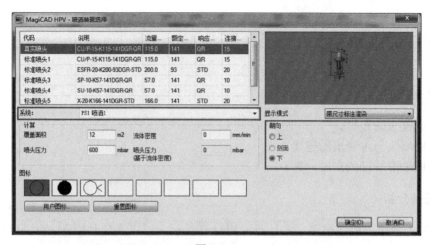

图 3-108

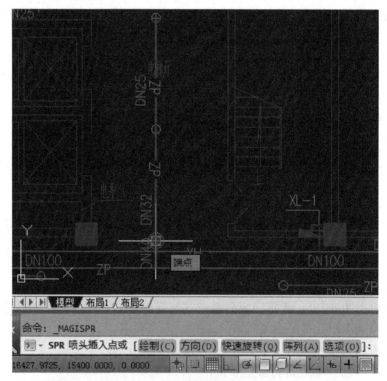

图 3-109

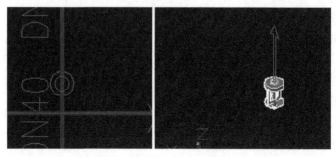

图 3-110

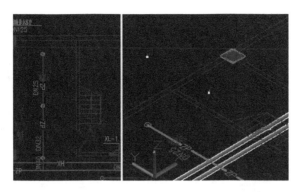

图 3-111

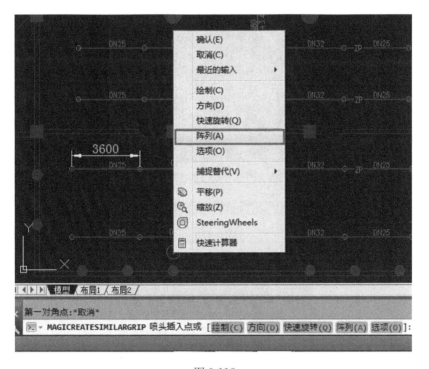

图 3-112

图 3-113

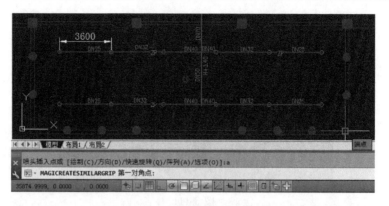

图 3-114

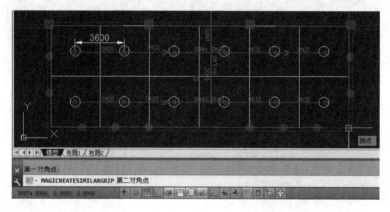

图 3-115

完成后检查系统名称及放置高度，如图 3-116 所示。

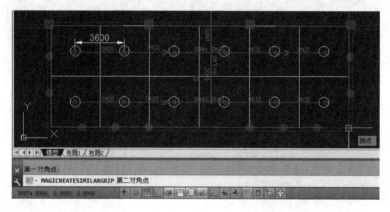

图 3-116

结合平面视图和三维视图查看放置位置，如图 3-117 所示。

图 3-117

2. 喷头与管道的连接

方法 1：用喷头热夹点"**+**"，实现与管道的连接。

方法 2：利用"连接喷洒装置"进行喷头与管道的批量连接。

（1）以喷头要连接到的管道为界，先连接好一侧的管道（以左侧为例，如图 3-118 所示）。

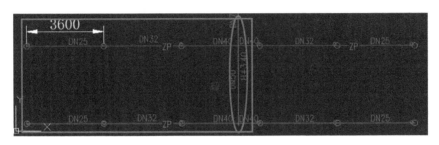

图 3-118

步骤 1：先实现最远端喷头与主管道的连接。

点击"连接喷洒装置"选项卡，如图 3-119 所示。

选择最远端喷头，如图 3-120 所示。

选择要连接的管道，如图 3-121 所示。

确认放置高度，如图 3-122 所示。

实现最远端喷头与管道的连接，如图 3-123 所示。

图 3-119

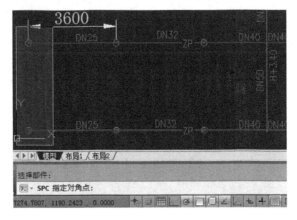

图 3-120

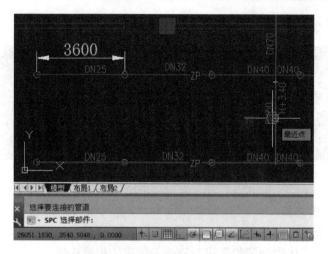

图 3-121

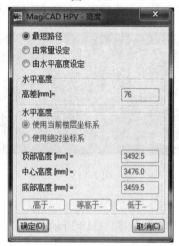

图 3-122

图 3-123

步骤 2：喷头与对应支管的连接。

选择要连接对应支管的碰头，如图 3-124 所示。

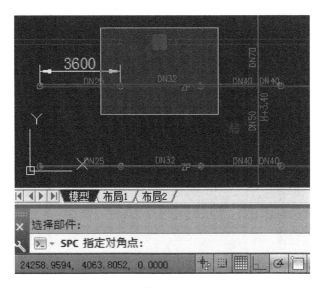

图 3-124

单击连接到支管，如图 3-125 所示。

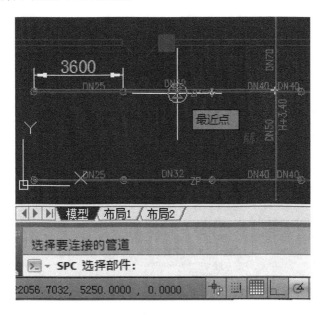

图 3-125

选择最短路径管道自动生成最短用管线路，如图 3-126 所示。

实现喷头与对应支管的连接，如图 3-127 所示。

用同样的方法完成其他喷头与对应分支管道的连接，如图 3-128 所示。

至此，完成主管道一侧所有喷头与管道的连接。

（2）管道另一侧喷头与管道的连接。

图 3-126

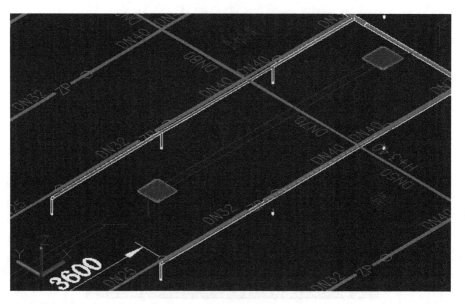

图 3-127

步骤 1：利用管道三通 "✚" 热夹点，画出对应的支管。

使三通处于被选中状态并单击其 "十字形热夹点" 执行绘制管道命令，如图 3-129 所示。

绘制管道，如图 3-130 所示。

步骤 2：利用 "连接喷洒装置" 完成喷头与对应支管的连接，效果如图 3-131 所示。

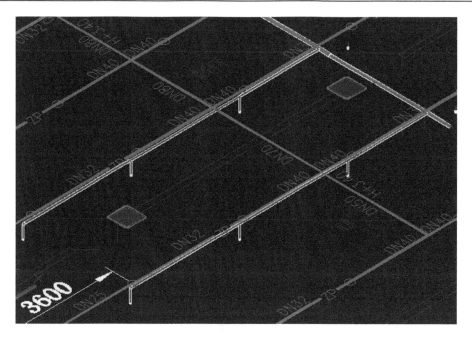

图 3-128

图 3-129

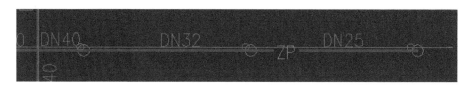

图 3-130

图 3-131

同样的方法完成其他喷头与管道的连接，效果如图 3-132 所示。

注意：完成所有喷头与管道的连接之后，记得删掉管道末端未连接喷头的多余管道。

3. 喷淋管径的自动计算

（1）喷淋系统管径计算规则的设定，如图 3-133 所示。

双击管道规格可对其进行编辑，如图 3-134 所示。

（2）喷淋系统管径计算规则的选定。设置管道系统，如图 3-135 所示。

在"管径自动选择标准"设置标准，如图 3-136 所示。

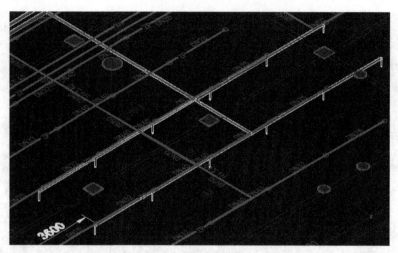

图 3-132

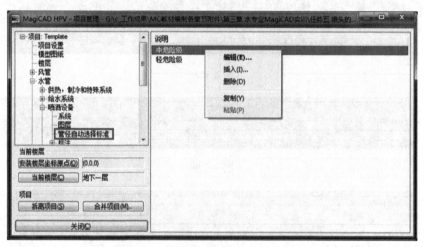

图 3-133

图 3-134

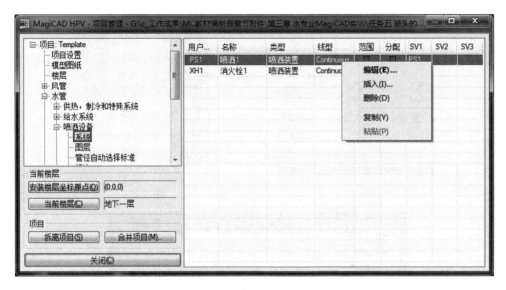

图 3-135

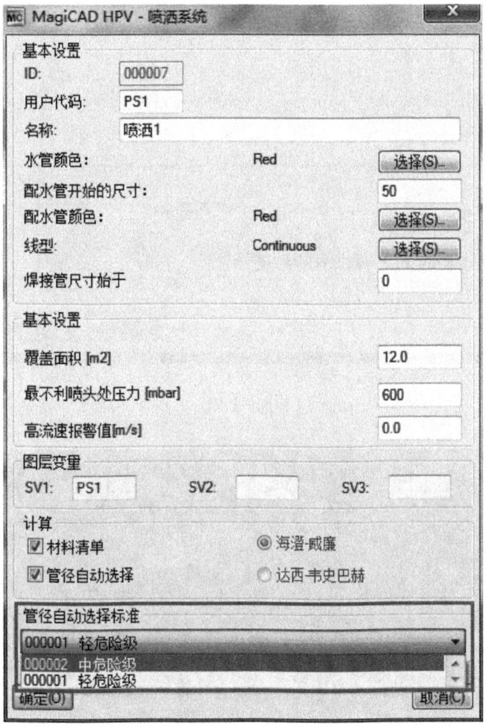

图 3-136

（3）喷淋系统分支管径的计算。单击"喷洒系统"的下选项卡，如图 3-137 所示。

单击"喷洒系统管径选择"，如图 3-138 所示。

设置完确认管道管径分支并计算，如图 3-139 所示。

选择要计算的管道路径及分支节点，如图 3-140 所示。

单击要计算的管道分支，如图 3-141 所示。

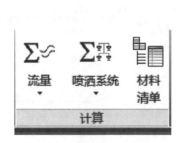

图 3-137

图 3-138

图 3-139

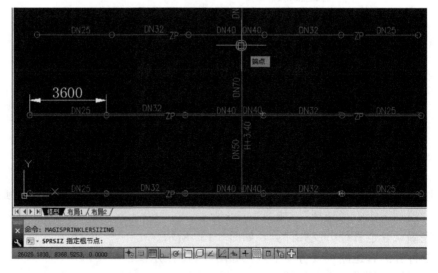

图 3-140

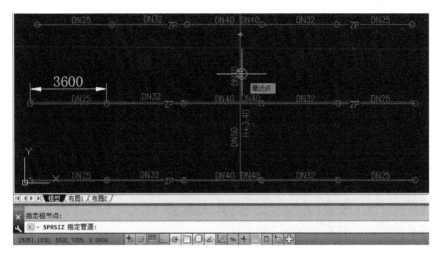

图 3-141

设置生成管道计算，生成管道与喷头的连接，如图 3-142 所示。

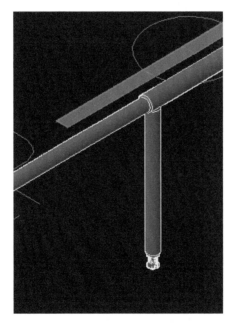

图 3-142

第 4 章　电专业 MagiCAD 实训

【能力目标】

1. 能够掌握二维底图的处理方法。
2. 能够掌握桥架的绘制与编辑及新建桥架产品的方法。
3. 能够掌握灯具的布置与编辑及新建灯具产品的方法。
4. 能够掌握配电盘的布置与编辑的方法。

4.1　实施前的准备

此章节任务的实施，可参照第 2 章第 2.1 节。

4.2　桥架的绘制与编辑

4.2.1　任务说明

1. 完成桥架的绘制。
2. 针对绘制完成的桥架，能够更改其尺寸及安装高度。
3. 能够新建桥架产品。

4.2.2　任务分析

针对桥架产品，由于在其产品本身属性内已经包含了一些默认值，如图 4-1 所示。所以我们在对"MagiCAD-E-电缆桥架选项"对话框进行设定时候，一定是先选择产品，再对其相关参数进行修改，否则的话，设定好的参数值，又会变为其产品默认值。

针对已经绘制完成的桥架，双击可以查看其详细参数，但是不能修改其尺寸大小（宽度和高度）以及其安装高度，可以通过 ✎📐 （拉伸电缆桥架、更改电缆桥架的宽度和高度）来分别改变其安装高度以及尺寸大小。通过"拉伸电缆桥架"也可以对桥架进行水平 xy 平面上的拖拽拉伸移动。

4.2.3　任务实施

1. 桥架的绘制

步骤 1：桥架主干线的绘制。

单击桥架命令，如图 4-2 所示。

弹出"MagiCAD-E-电缆桥架选项"对话框，对桥架的系统、产品及尺寸进行设置（需要注意的是：必须先选择桥架产品，之后再对"桥架系统"、"尺寸大小"等进行设定。

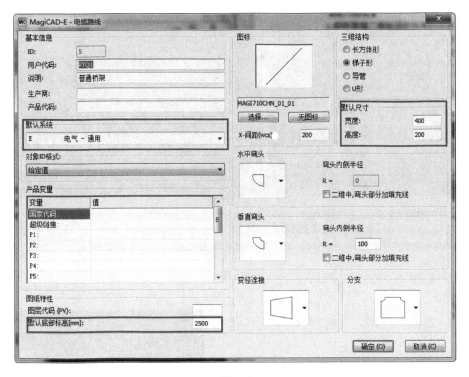

图 4-1

这是由于桥架产品本身的默认属性导致的）。如图 4-3 所示。

设置之后点击"确定"，窗口关闭，指定桥架起始点，如图 4-4 所示。

点击确定桥架起始点后，弹出高度设定对话框。如图 4-5 所示。

确定了桥架的安装高度，按照实际施工图的桥架路径进行绘制，如图 4-6 所示。

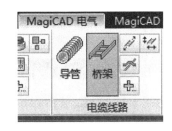

图 4-2

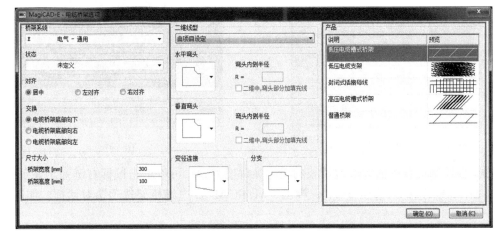

图 4-3

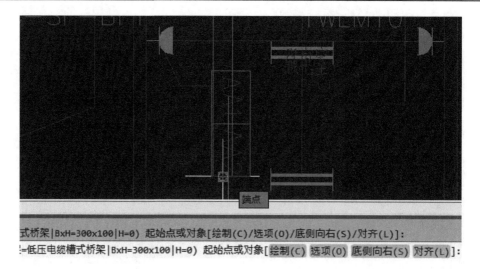

图 4-4

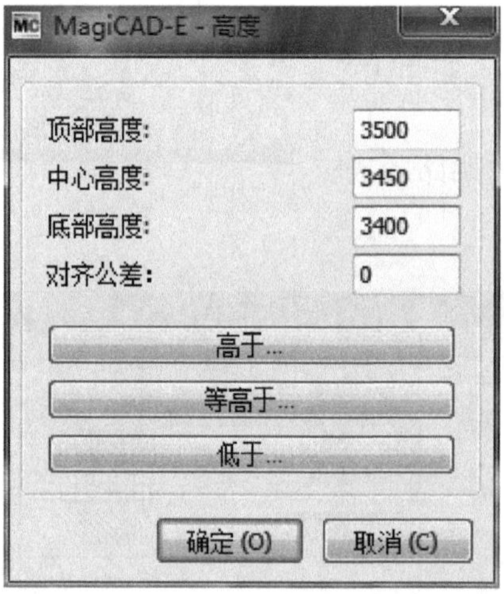

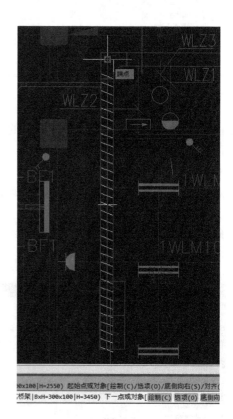

图 4-5

图 4-6

如果在绘制过程中需要修改桥架的尺寸和桥架类型，可以单击鼠标右键弹出如下对话框（见图 4-7），选择"选项（O）"，弹出"MagiCAD-E-电缆桥架选项"对话框，如图 4-8 所示。

步骤 2：桥架分支的绘制。

单击桥架命令，在已有的桥架上选择分支的起点，如图 4-9、图 4-10 所示。

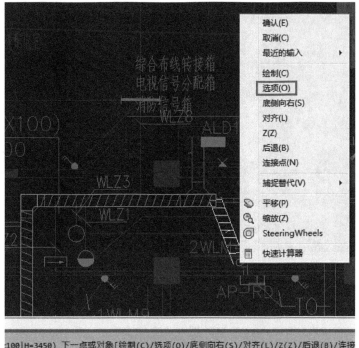

图 4-7

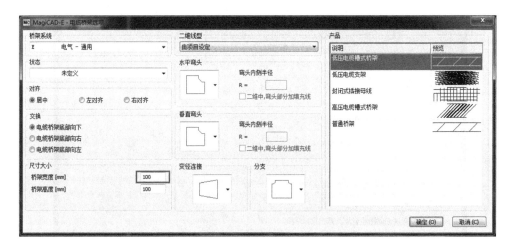

图 4-8

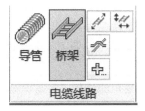

图 4-9

123

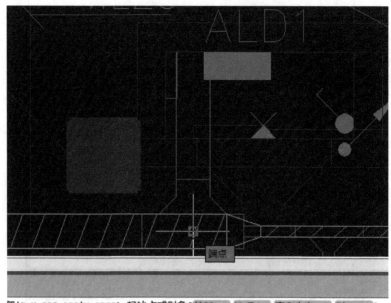

架|BxH=300x100|H=2550）起始点或对象[绘制(C) 选项(O) 底侧向右(S) 对齐(L)]：

图 4-10

点击起点后如果使用尺寸不与当前桥架的尺寸相同的桥架时会弹出如下对话框，选择"使用选定对象的全部特性"即可，如图 4-11 所示。

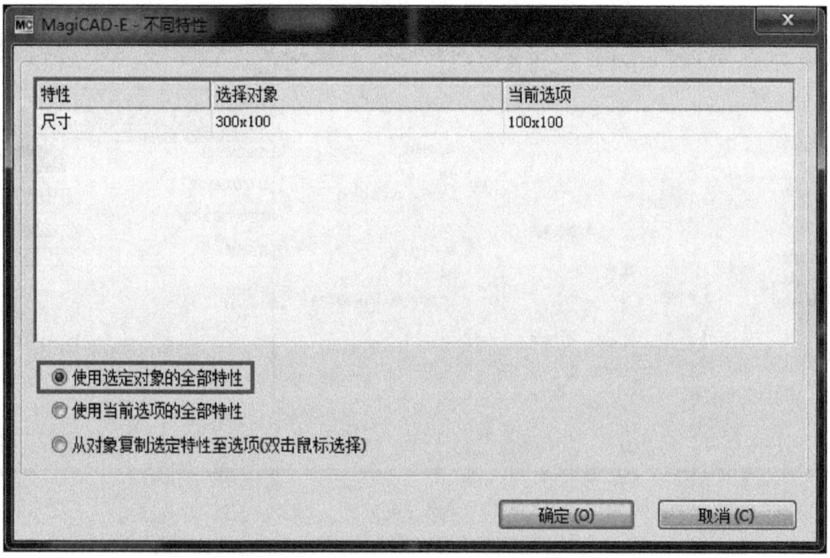

MC MagiCAD-E - 不同特性		×
特性	**选择对象**	**当前选项**
尺寸	300x100	100x100

◉ 使用选定对象的全部特性
◉ 使用当前选项的全部特性
◉ 从对象复制选定特性至选项(双击鼠标选择)

确定 (O)　　取消 (C)

图 4-11

继续绘制，将所有分支绘制完成即可，如图 4-12 所示。

2. 桥架的编辑

（1）桥架本身尺寸（宽度和高度）的编辑

点击"更改电缆桥架宽度或高度"命令，弹出修改电缆桥架尺寸对话框，如图 4-13、图 4-14 所示。

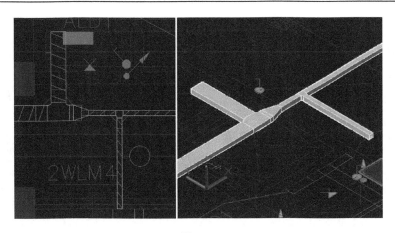

图 4-12

图 4-13

图 4-14

选择调整方式，点击"确定"，然后选择需要修改的桥架，点击回车键修改完成，如图 4-15、图 4-16 所示。

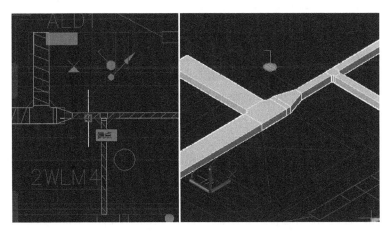

图 4-15

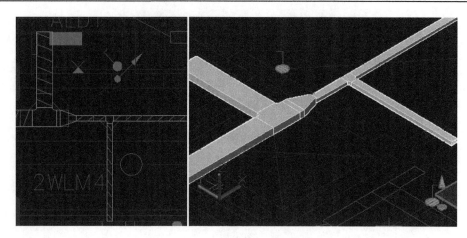

图 4-16

（2）桥架安装高度的编辑

单击"拉伸电缆桥架"命令，单击鼠标右键选择"Z（Z）"，如图 4-17、图 4-18 所示。

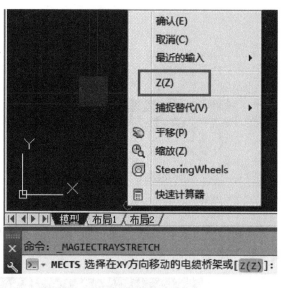

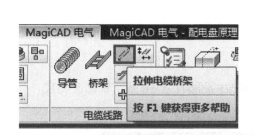

图 4-17   图 4-18

选择"（Z）Z"后，单击选择要修改高度的桥架，如图 4-19 所示。

弹出"MagiCAD-E-高度"对话框，如图 4-20 所示。

输入新的高度后，点击"确定"，整个分支桥架的安装高度会一起改变。

3. 桥架产品的新建

单击"桥架"命令，如图 4-21 所示。

弹出"MagiCAD-E-电缆桥架选项"对话框，在产品下方单击右键新建桥架产品，如图 4-22 所示。

或者单击 MagiCAD-E 下的"项目"命令，如图 4-23 所示。

弹出"MagiCAD-E-项目管理"对话框，点击"电缆线路"下的"桥架与导管"，在右方产品处单击鼠标右键新建桥架产品，如图 4-24 所示。

图 4-19

图 4-20

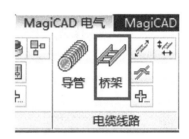

图 4-21

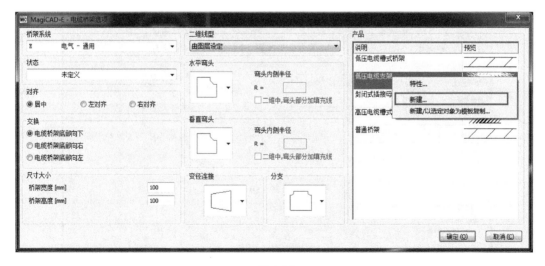

图 4-22

图 4-23

弹出"MagiCAD-E-电缆路线"对话框，设定相关参数，如图 4-25 所示。

利用新建的该弱电桥架进行弱电桥架的绘制，见图 4-26～图 4-29 所示。

单击"桥架"命令，在空白处单击鼠标右键选择"选项"命令，如图 4-26、图 4-27 所示。

弹出"MagiCAD-E-电缆桥架选项"对话框，选择新建的桥架产品进行绘制，如图 4-28、图 4-29 所示。

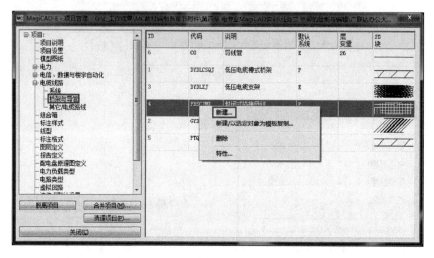

图 4-24

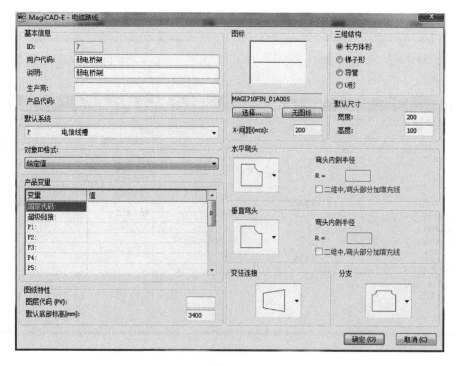

图 4-25

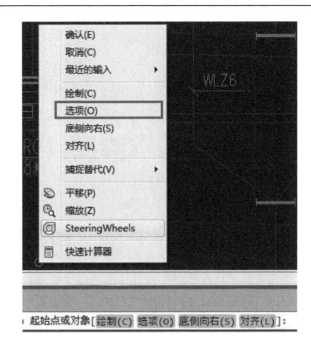

图 4-26 图 4-27

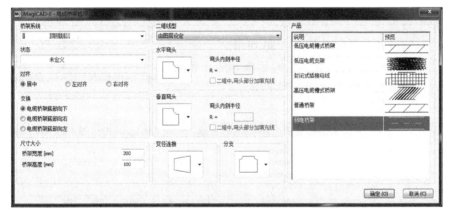

图 4-28

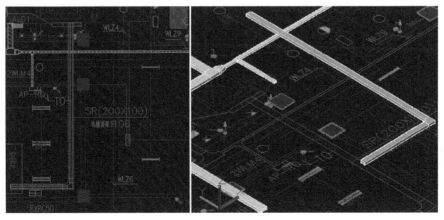

图 4-29

4.3 灯具的绘制与编辑

4.3.1 任务说明

1. 完成不同类型灯具的布置。
2. 掌握针对已经布置好的灯具的安装高度的改变。
3. 掌握新建灯具产品的方法。

4.3.2 任务分析

灯具的布置类似桥架，由于在灯具产品本身的属性里已经包含了一些默认值，所以在"MagiCAD-E-选择设备"设定界面，要先选择灯具产品，再进行其相关参数的设定。

双击布置好的灯具可以查看其详细的特性信息，但是不能改变其安装高度，批量修改已布置好的灯具安装高度可以用"修改"（更改高度）命令。

4.3.3 任务实施

1. 灯具的布置

（1）单个布置

单击"照明设备"命令，如图 4-30 所示。

弹出"MagiCAD-E-选择设备"对话框，选择照明
设备产品并设定相关参数，如图 4-31 所示。

图 4-30

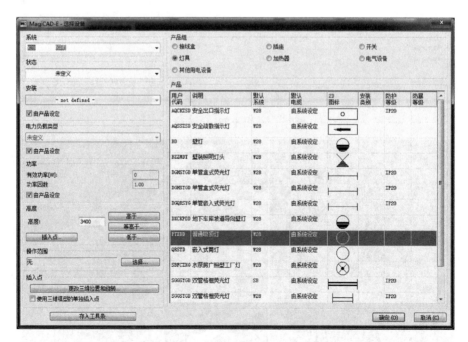

图 4-31

注意：灯具也是必须先选择灯具产品，之后再进行"高度"、"系统"等的设定。

选定照明设备和设定好相关参数后点击"确定"按钮，进行照明设备的布置，如图 4-32、图 4-33 所示。

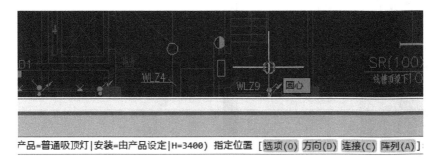

图 4-32

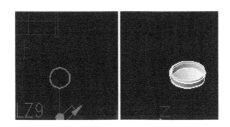

图 4-33

（2）阵列布置

选择照明设备并设定相关参数后，点击"确定"，在空白处单击鼠标右键，选择"阵列"命令，如图 4-34、图 4-35 所示。

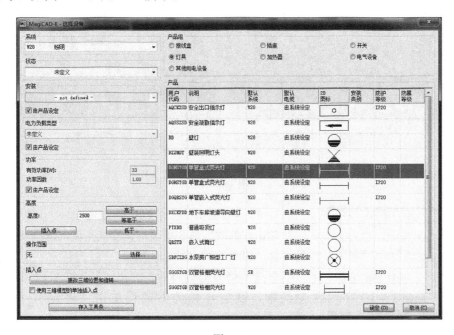

图 4-34

弹出"MagiCAD-E-阵列选项"对话框，设定好相关参数后单击"确定"，如图 4-36 所示。

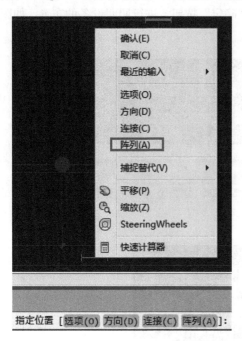

图 4-35

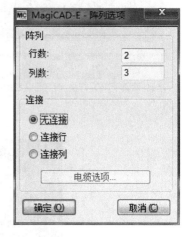

图 4-36

在平面上框选要布置灯具的区域，完成布置，如图 4-37 所示。

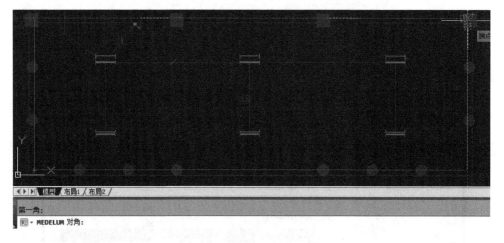

图 4-37

图 4-38

2. 灯具的编辑（安装高度的改变）

单击"修改"命令更改灯具安装高度，框选要修改高度的灯具，如图 4-38、图 4-39 所示。

框选要修改的灯具后，弹出"MagiCAD-E-设备高度"对话框，设定好相关参数后单击"确定"，如图 4-40 所示。

确定之后，可通过双击灯具，查看灯具的特性，通

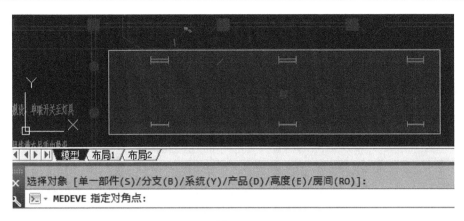

图 4-39

过 "MagiCAD-E-部件特性" 对话框可看出现在灯具高度已经是 2800mm，如图 4-41 所示。

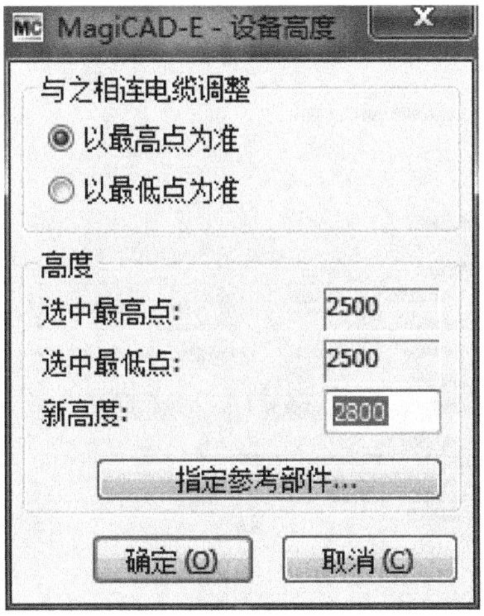

图 4-40

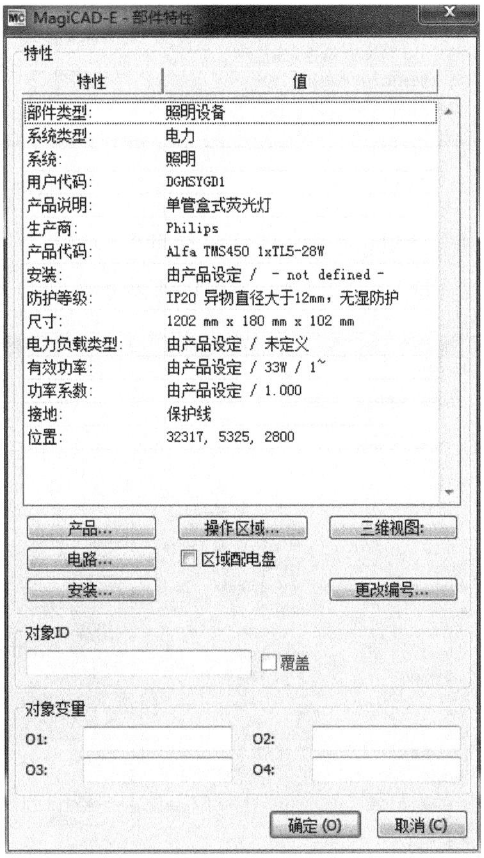

图 4-41

3. 灯具的新建

灯具的新建类似桥架的新建，如图 4-42～图 4-44 所示。

单击 "照明设备" 命令，弹出 "MagiCAD-E-选择设备" 对话框，单击鼠标右键新建照明设备产品，如图 4-42 所示。

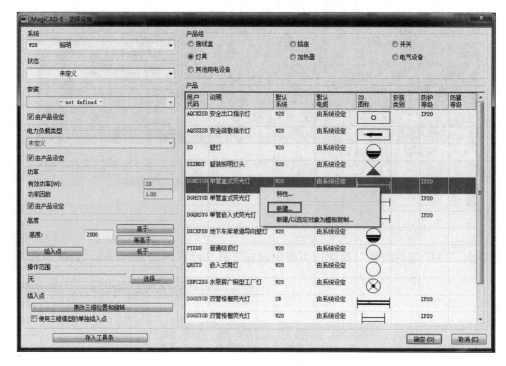

图 4-42

弹出"MagiCAD-E-产品数据"对话框，设定好相关参数点击"确定"，照明设备产品就新建完成，如图 4-43、图 4-44 所示。

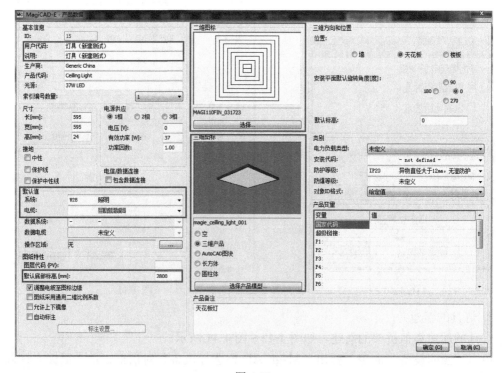

图 4-43

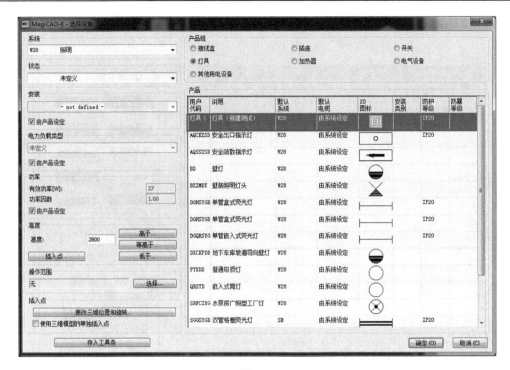

图 4-44

4.4　配电箱的绘制与编辑

4.4.1　任务说明

1. 完成配电箱的布置。
2. 针对已经布置好的配电箱，掌握对其的编辑方法。

4.4.2　任务实施

1. 配电箱的布置

单击"配电盘"命令，如图 4-45、图 4-46 所示。

图 4-45

图 4-46

弹出"MagiCAD-E-配电盘特性"对话框，设定相关参数并点击"确定"按钮，如图 4-47 所示。

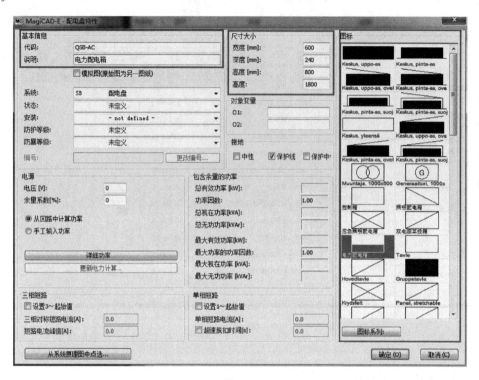

图 4-47

设定好参数后，在空白处单击鼠标右键，点击方向，如图 4-48 所示。

图 4-48

选择正确的方向放置配电箱，如图 4-49、图 4-50 所示。

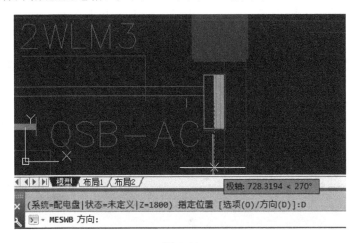

图 4-49

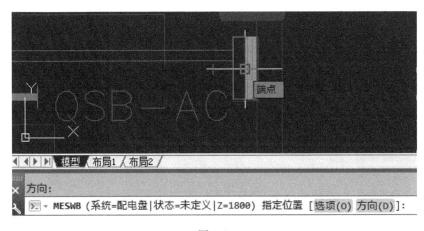

图 4-50

配电箱布置完成，如图 4-51 所示。

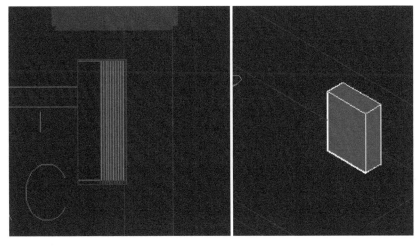

图 4-51

2. 配电箱的编辑

双击图面上布置好的配电箱，弹出"MagiCAD-E-配电盘特性"对话框，可以修改配电箱的相关参数，如图 4-52 所示。

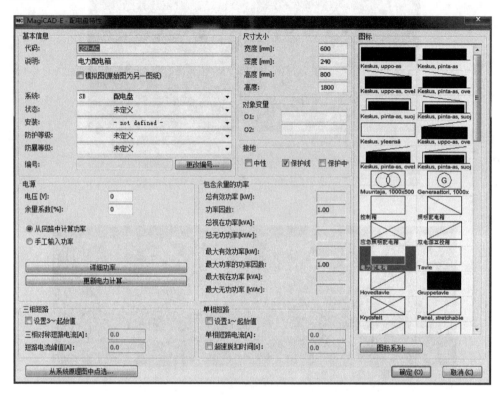

图 4-52

第 5 章 多专业协同 MagiCAD 实训

【能力目标】

1. 能够利用 Revit 导出单层的 DWG 格式建筑结构图纸的方法。
2. 能够熟练掌握利用 MagiCAD 进行深化设计的方法。

5.1 建筑结构模型的准备

5.1.1 任务说明

1. 利用 Revit 导出单层 DWG 格式三维建筑结构模型。
2. 利用 Revit 导出单层 DWG 格式二维建筑结构平面图。
3. 利用 MagiCAD 处理底图的方法完成对导出的二、三维建筑结构图纸的处理。

5.1.2 任务分析

单层 DWG 格式的三维建筑结构模型以及二位建筑结构平面图，在进行多专业协同时都会用到，所以需要分别导出单层 DWG 格式三维建筑结构模型以及二维建筑结构平面图；如果只导出三维单层模型，机电模型会被围护结构挡住，不利于绘图和观察；如果只导出二维单层图纸，机电模型无法与土建结构进行模型基础上的空间配合。

注意事项：无论是几层，MagiCAD 所有对象的位置都是基于 AtuoCAD 坐标原点来进行绘制的，也就是不管是几层，所有对象的安装高度一般都是相对本层地面来绘制的，而本层地面的位置就是在 $Z=0$ 的位置上，而 Revit 导出的单层三维建筑结构模型，起始点是从建筑的 ±0 位置起算的，建筑的 ±0 是在 $Z=0$ 的位置上，所以如果是在 MagiCAD 中参照对应楼层的三维土建结构模型，需要通过修改外部参照插入点的 z 值，把土建结构模型降低到当前层，无须通过修改导出的模型来实现。

利用 Revit 绘制建筑结构模型，为了保证 Revit 绘制的建筑结构模型能够方便快捷地与 MagiCAD 绘制的机电模型精确对齐，建议在用 Revit 进行建筑结构模型作图之前，注意以下事项：

（1）用与 MagiCAD 处理二维底图同样的方法，去处理建筑结构的二维底图，尤其需要保证所选择项目的基准点以及项目的基准点在模型空间的位置都是一模一样的。

（2）在 Revit 里链接建筑结构的二维底图时，一定用"原点到原点"的方式，链接进去之后，对该底图不再做任何移动。

如果利用 MagiCAD 创建机电模型之前，已用 Revit 创建了建筑结构模型，鉴于建筑结构为上游专业，机电专业模型的原点需要配合建筑结构专业的原点，已创建的建筑结构模型无须进行移动原点的操作；另外，机电专业基本没有自己专业的轴网，基本上都是直接利用土建和结构的轴网，所以从这个角度讲，机电专业也要遵循土建结构的原点、坐标系、轴网和标高。

5.1.3 任务实施

1. 单层三维专业图 DWG 格式的导出

步骤 1：打开对应楼层的平面视图，编辑视图范围，确保主要范围的"顶"、"底"正好为该层的顶和底（以−1F 为例，见图 5-1）。

步骤 2：打开三维视图，采用"定向到视图"的方法，剖出该层，如图 5-2～图 5-3 所示。

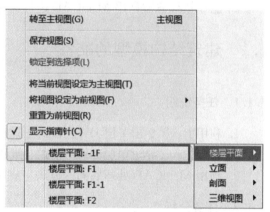

图 5-1   图 5-2

定向到楼层平面视图后，三维视图显示单楼层，如图 5-3 所示。

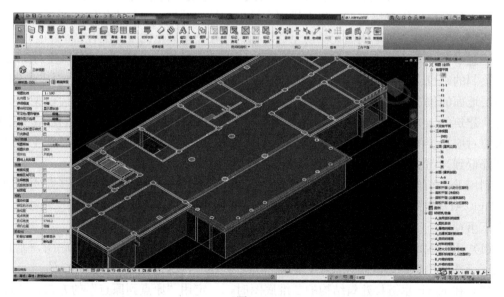

图 5-3

步骤 3：导出 DWG 格式，如图 5-4～图 5-8 所示。

三维视图显示的单楼层导出为 DWG 格式，如图 5-4 所示。

导出设置，如图 5-5、图 5-6 所示。

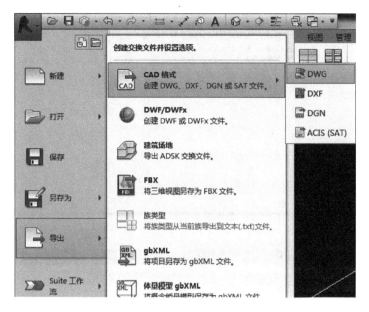

图 5-4

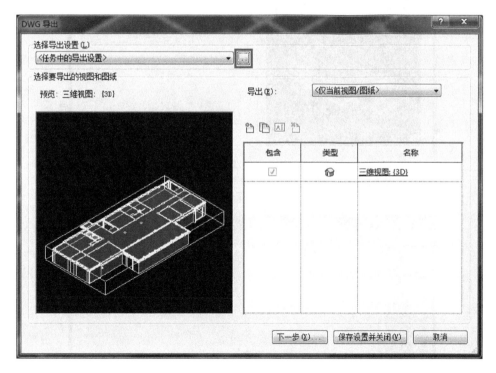

图 5-5

设置完成后即导出 DWG 并保存到指定位置，如图 5-7、图 5-8 所示。

即可导出成功，把导出的 DWG 作为外部参照到 MagiCAD，效果如图 5-9 所示。

2. 单层二维平面图 DWG 格式的导出

步骤 1：打开对应楼层的平面视图（见图 5-10）；

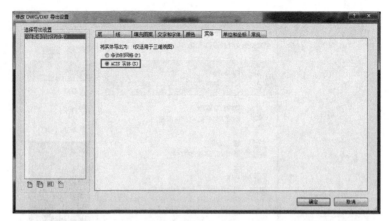

图 5-6

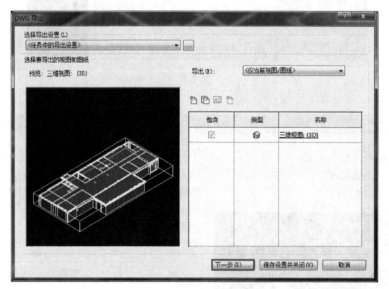

图 5-7

图 5-8

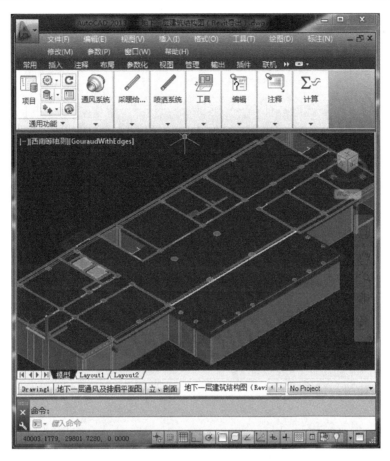

图 5-9

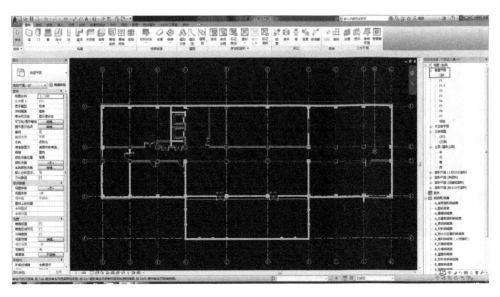

图 5-10

步骤 2：导出 DWG 格式，如图 5-11～图 5-14 所示。

二维视图显示的单楼层导出为 DWG 格式，如图 5-11 所示。

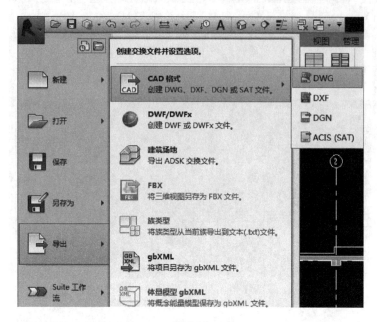

图 5-11

导出设置，如图 5-12 所示。

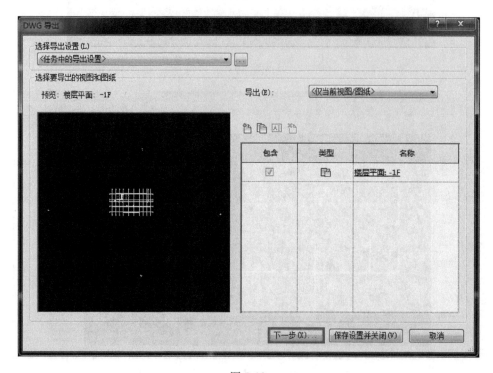

图 5-12

保存至对应的参照文件夹内（见图 5-13）。

图 5-13

即可导出成功，把导出的 DWG 作为外部参照到 MagiCAD，效果如图 5-14 所示。

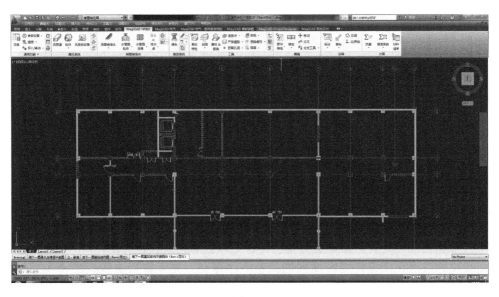

图 5-14

3. 对导出的图纸进行处理

处理的目的主要有两个：① 导出的图纸若项目基准点位置与机电的图纸不一样，对其进行整体挪动，保证能够很方便地与机电的图纸进行协同。② 清理与协同无关的图元以及垃圾图元。

处理方法：可参照 MagiCAD 处理二维底图的方法。

步骤 1：打开 Revit 导出的单层三维 DWG 格式的建筑结构模型，并参照导出的二维

DWG 格式的建筑结构平面图，如图 5-15 所示。

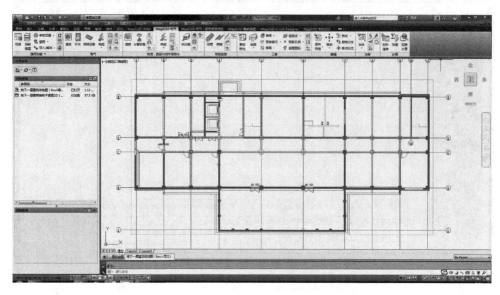

图 5-15

步骤 2：以项目基准点为基准，整体移动至（0，0）。

步骤 3：清理无关及无用图元。

步骤 4：打开 Revit 导出的单层二维 DWG 格式建筑结构平面图，以项目基准点为基准，整体移动至（0，0），并清理无关及无用图元。

5.2 管线综合实训

5.2.1 任务说明

1. 利用 MagiCAD 强大的编辑功能完成所有机电管线深化的调整。

2. 熟练掌握 MagiCAD 碰撞检测、剖面、预留孔洞等的功能。

5.2.2 任务分析

1. 碰撞调整前一定要对模型进行备份保存，以备后续查看、对比。

2. 机电管线深化调整，要遵循大的调整顺序原则：先干管后支管；先密集区域后稀疏区域；先大管后小管；先无压后有压。

3. 机电管线深化调整，要遵循大的避让原则：有压让无压；小管让干管；水管让风管；支管让干管等。

5.2.3 任务实施

1. 综合图的制作

步骤 1：新建空白文档作为综合图，并关联项目的 MagiCAD HPV 或电气项目文件。新建空白文件另存为，如图 5-16 所示。

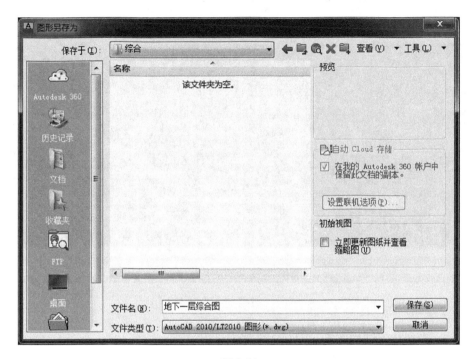

图 5-16

另存好后就关联 HPV 项目，弹出如下对话框，如图 5-17 所示。

图 5-17

步骤 2：参照各机电专业图纸。

打开外部参照，把机电专业图纸参照进来，如图 5-18 所示。

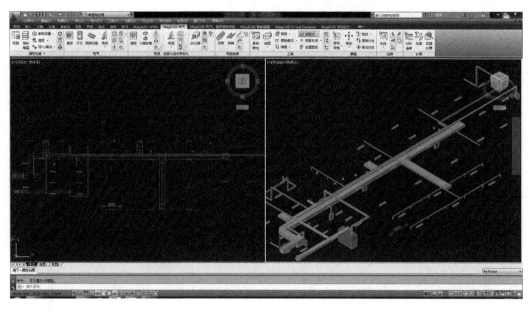

图 5-18

步骤 3：参照建筑结构图纸。

打开外部参照，把建筑结构图纸参照进来，设置相关参数然后点击"确定"，如图 5-19、图 5-20 所示。

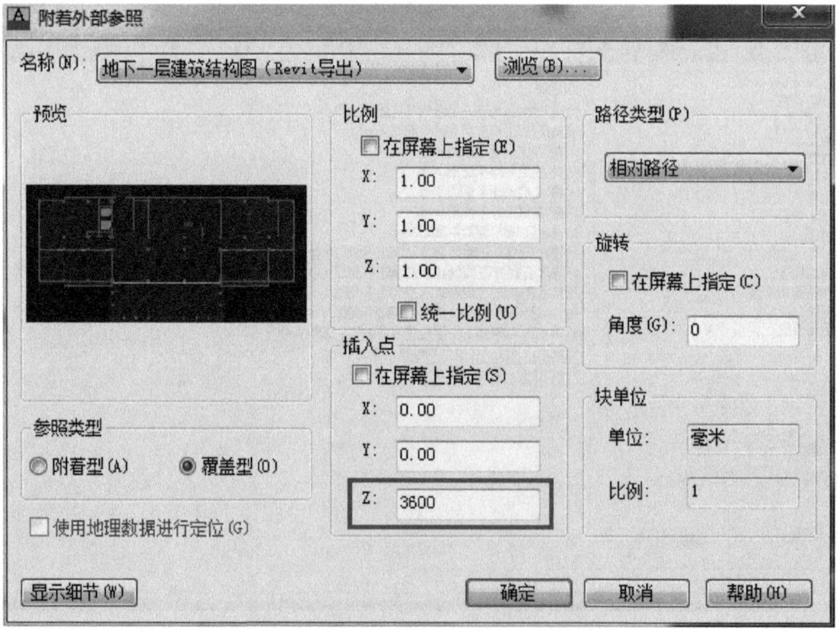

图 5-19

提示：插入点"Z"值需要修改。原因详见"5.1.2 任务分析"。

可以把建筑结构顶板（图层 A-FLOR）隐藏掉，效果如图 5-21 所示。

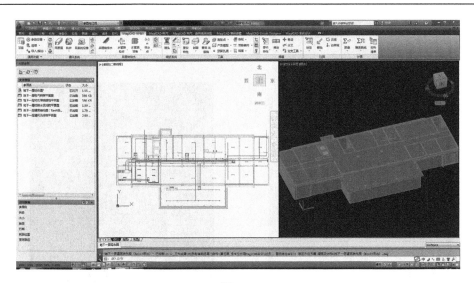

图 5-20

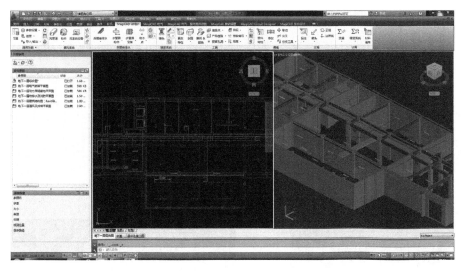

图 5-21

2. 关键位置做剖面

（1）创建剖切标记

可以在管线密集的位置以及典型通道位置做剖面。点击剖面命令下的定义剖面，如图 5-22 所示。

弹出如下对话框，设定相关参数后单击"确定"，如图 5-23 所示。

指定要剖切的第一点及下一点，如图 5-24 所示。

点击该点后，回车确认不再指定下一点（不创建阶梯剖），之后软件会提示指定剖切方向，图 5-25 所示。

创建好剖切标记后，如图 5-26 所示。

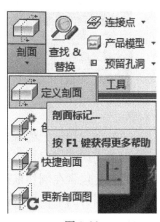

图 5-22

图 5-23

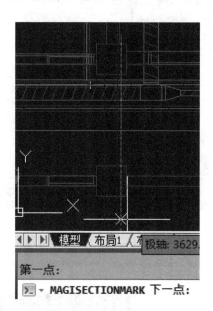

图 5-24

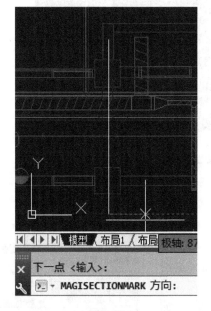

图 5-25

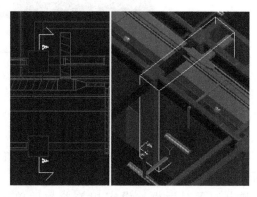

图 5-26

（2）对剖切标记的调整和确认

创建剖切标记后，可能会出现剖切位置或者剖切深度不合适的现象；如果被剖切对象没有完整地包含在剖切框范围之内，在剖切的时候可能会出现该对象无法显示的情况，甚至可能会因为剖切框范围内没有对象，造成剖面图无法生成，所以在创建剖切标记后，可增加对剖切框范围的调整和确认，调整主要有以下操作：

① 鼠标左键双击剖切标记任意位置，自动弹出"MagiCAD HPV-剖面标记选项"对话框，进行重新设定；

② 鼠标左键单击剖切标记任意位置，使剖切标记处于选中状态，通过鼠标左键单击并移动剖切标记上部任一夹点，可调整剖切深度；

③ 鼠标左键单击剖切标记任意位置，使剖切标记处于选中状态，通过鼠标左键单击并移动剖切标记下部任一夹点，可整体移动剖切标记位置。

（3）创建剖面

点击剖面命令下的创建剖面，如图 5-27 所示。

选择已创建的剖切标记，如图 5-28 所示。

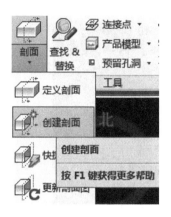

图 5-27

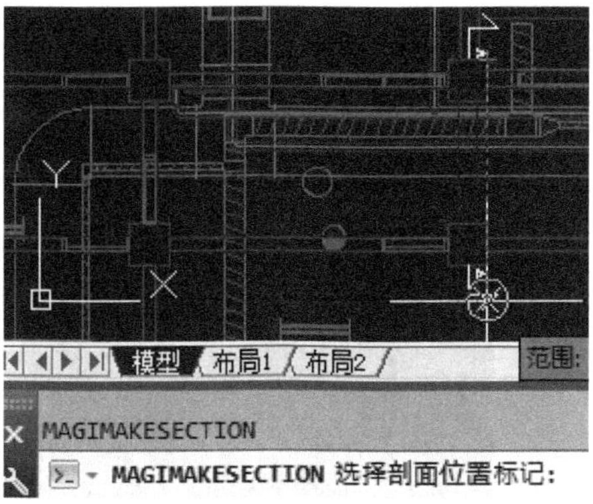

图 5-28

弹出如下对话框，设定相关参数后点击"确定"，如图 5-29 所示。

图 5-29

在平面上制定剖面插入点，剖面创建完成，如图 5-30、图 5-31 所示。

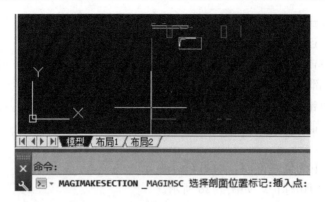

图 5-30

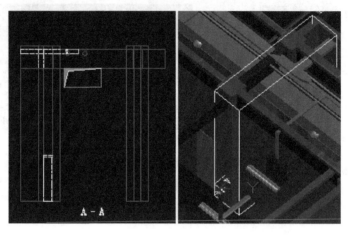

图 5-31

（4）更新剖面

点击剖面命令下的更新剖面图，如图 5-32 所示。

点击剖切标记，完成剖面图更新，如图 5-33 所示。

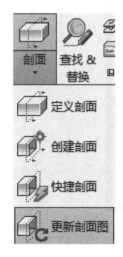

图 5-32

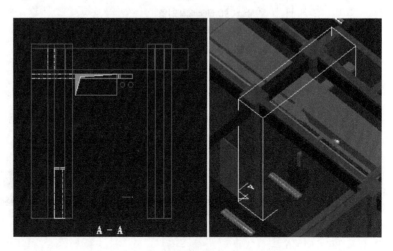

图 5-33

3. 调整主干管线位置

（1）调整消防水管道的安装高度

步骤 1：综合图上通过单击消防水管道任一点，选中"地下一层给排水及消防平面图.dwg"，单击鼠标右键选择"打开外部参照（X）"的方式打开该图纸（见图 5-34）。

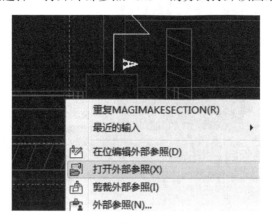

图 5-34

打开外部参照后，单专业的图纸就被打开，如图 5-35 所示。

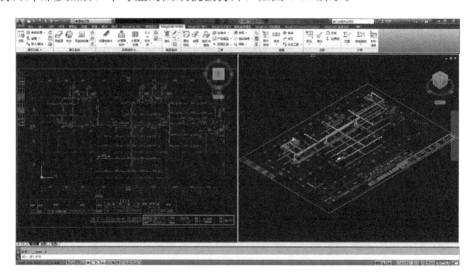

图 5-35

步骤 2：通过"移动部件"更改其安装高度。

选中管道，单击"移动部件"热夹点，如图 5-36 所示。

图 5-36

在空白处单击鼠标右键，选择"Z"，如图 5-37 所示。

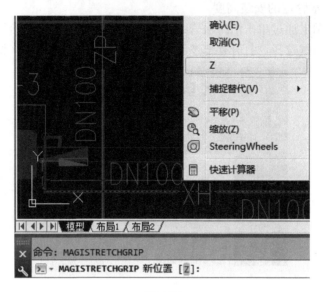

图 5-37

弹出如下对话框，设定指定高度后单击"确定"，如图 5-38 所示。

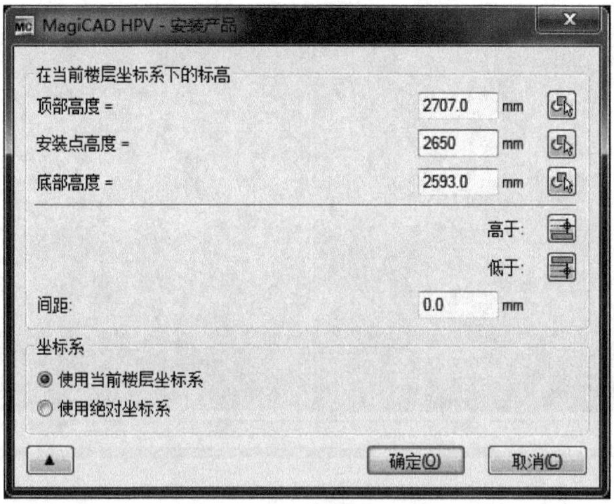

图 5-38

更改完成后可双击管道查看管道的安装高度，如图 5-39 所示。

（2）桥架安装高度的改变

步骤 1：同样的方法打开"地下一层电气桥架平面图.dwg"。

步骤 2："拉伸电缆桥架"命令修改桥架安装高度。

点击"拉伸电缆桥架"命令，如图 5-40 所示。

在空白处单击鼠标右键，选择"Z（Z）"，如图 5-41 所示。

弹出如下对话框，设定指定高度后单击"确定"，完成修改，如图 5-42 所示。

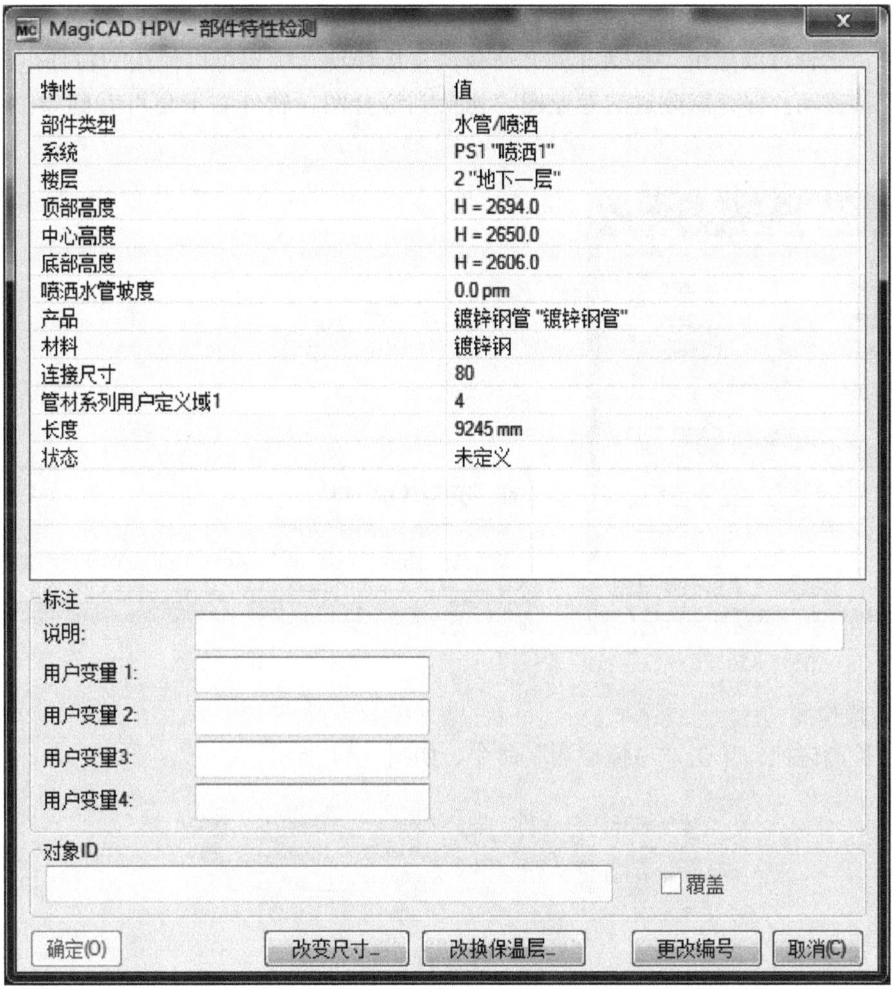

特性	值
部件类型	水管/喷洒
系统	PS1 "喷洒1"
楼层	2 "地下一层"
顶部高度	H = 2694.0
中心高度	H = 2650.0
底部高度	H = 2606.0
喷洒水管坡度	0.0 prm
产品	镀锌钢管 "镀锌钢管"
材料	镀锌钢
连接尺寸	80
管材系列用户定义域1	4
长度	9245 mm
状态	未定义

标注

说明:

用户变量 1:

用户变量 2:

用户变量3:

用户变量4:

对象ID

☐覆盖

确定(O)　改变尺寸_　改换保温层_　更改编号　取消(C)

图 5-39

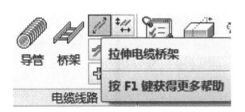

图 5-40

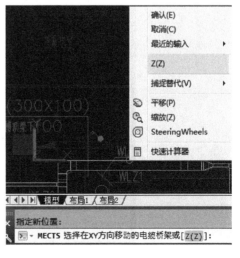

图 5-41

155

（3）管道水平位置的移动

风管、水管可以使用"移动部件"命令，直接移动。桥架可以使用"拉伸电缆桥架"命令，直接移动。保存修改过的专业图，切换到综合图，软件右下角可看到如图 5-43 的提示。

图 5-42   图 5-43

4. 碰撞检测

（1）检测碰撞，单击"碰撞检测"命令，如图 5-44 所示。

图 5-44

弹出如下对话框，选择需要检测的碰撞检测对象选项，点击"确定"，如图 5-45 所示。

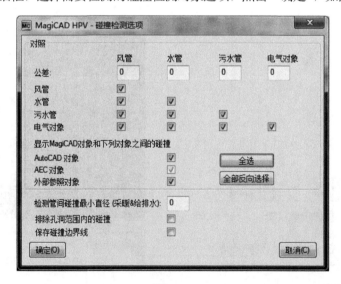

图 5-45

提示：

① 通过设置"公差"，可以进行管线间距的检测。比如风管与风管之间公差为"50"，意味着，只要风管与风管外皮之间的间距小于 50mm，软件也会当做碰撞，显示信息提示。

② AutoCAD 对象是指 MagiCAD 绘制风、水、电对象之外的其他对象，比如建筑结构模型等。通过是否勾选该选项，可以控制是否检测与建筑结构专业的碰撞。

③ 外部参照对象：这得是改图内的外部参照对象。通过是否勾选该选项，可以控制是否检测本图对象与外部参照对象专业之间的碰撞，以及是否检测外部参照对象专业之间的碰撞。

④ 检测管间碰撞最小直径（采暖 & 给排水）：通过该选项的设定，可忽略小管径采暖 & 给排水管道之间的碰撞。

⑤ 排除孔洞范围内的碰撞：如果已用 MagiCAD 预留孔洞，勾选该选项后，孔洞范围内管道与建筑结构的穿越，将不再视为是碰撞。

框选要进行碰撞检测的范围（见图 5-46），点击回车，弹出碰撞检测报告，如图 5-47 所示。

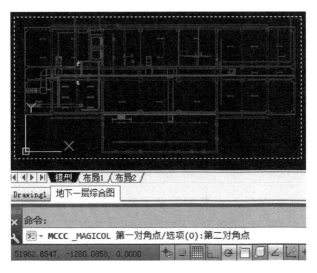

图 5-46

图 5-47

157

图 5-48

（2）碰撞"显示信息"的打开。上述"显示信息"关闭后，可以通过以下方法再次打开"显示信息"。

单击"显示信息"命令，如图 5-48 所示。

（3）碰撞点的查看。

方法 1：标记并查看所有碰撞点，如图 5-49、图 5-50 所示。

单击"显示信息"命令后，弹出碰撞检测报告，标明全部错误，如图 5-49 所示。

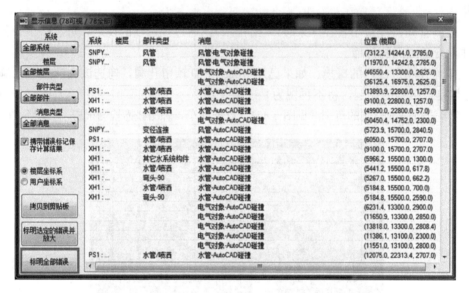

图 5-49

碰撞检测报告标明错误后，在平面上显示黄色"×"标记所有碰撞点，如图 5-50 所示。

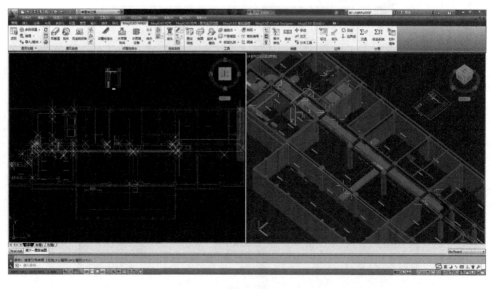

图 5-50

方法 2：标记并查看单个碰撞点，如图 5-51、图 5-52 所示。

弹出碰撞检测报告，标明选定的错误并放大，如图 5-51 所示。

图 5-51

碰撞检测报告标明单个错误后，在平面上显示黄色"×"标记选定的单个碰撞点。

图 5-52

5．调整碰撞

（1）交叉碰撞的调整，黄色"×"标记的都是碰撞点，如图 5-53 所示。

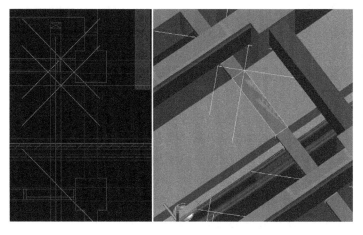

图 5-53

步骤 1：单击鼠标右键选择"打开外部参照"的方法，打开"地下一层电气桥架平面图．dwg"。

图 5-54

步骤 2：为便于调整，参照"地下一层通风及排烟平面图．dwg"、"地下一层建筑结构图（Revit 导出）．dwg"。

步骤 3：交叉命令进行调整（见图 5-54～图 5-62）。

单击"电缆桥架交叉"命令，如图 5-54 所示。

在平面上指定桥架的第一点和第二点，如图 5-55、图 5-56 所示。

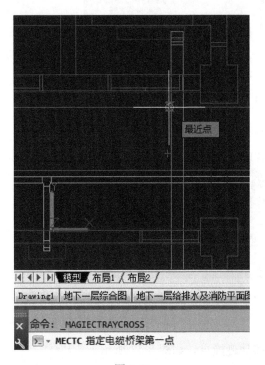

图 5-55

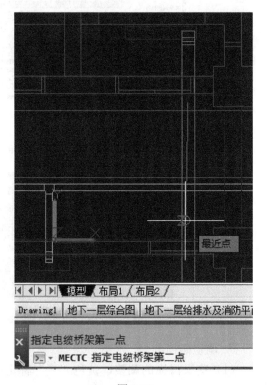

图 5-56

弹出如下对话框，通过设定"对齐公差"与"高于"的方式进行翻弯高度的自动确定，并单击"确定"按钮，如图 5-57 所示。

设定完相关参数后，在平面上单击鼠标右键，选择"其他物体"，如图 5-58 所示。

选择"其他物体"后，单击鼠标右键，选择"外部参照（X）"，并单击被参照的物体，如图 5-59、图 5-60 所示。

弹出如下对话框，设定相关参数并单击"确定"，如图 5-61 所示。

完成"电缆桥架交叉"的命令，如图 5-62 所示。

（2）电气设备，如灯具、配电箱等位置的调整。

① 水平位置的移动，用 AutoCAD "移动"命令即可。

② 安装高度的改变，更改高度的命令（见图 5-63）。

单击"修改"命令下的高度进行更改，如图 5-63 所示。

图 5-57

图 5-58

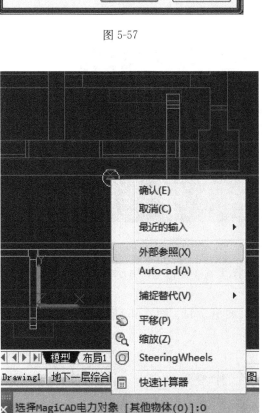

图 5-59

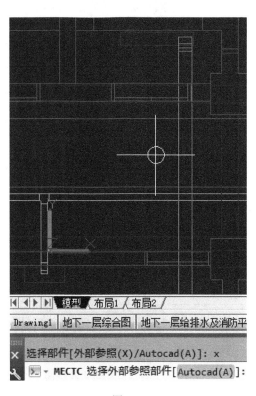

图 5-60

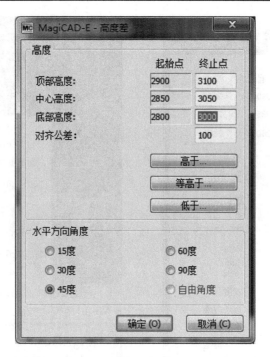

图 5-61

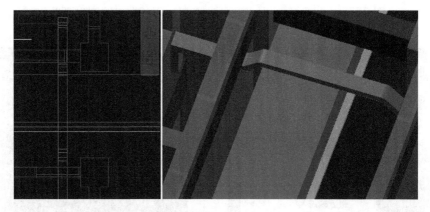

图 5-62

（3）跨专业查看 MagiCAD 对象信息，可通过图 5-64、图 5-65 所示的命令，并结合右键"外部参照"。

单击"部件特性"命令，选择要查看的专业，如图 5-64、图 5-65 所示。

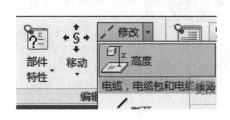

图 5-63

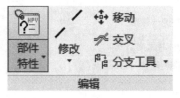

图 5-64

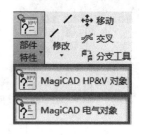

图 5-65

6. 预留孔洞

（1）预留孔洞规则设定

单击"项目"菜单命令，找到预留孔洞设置，单击鼠标右键，选择"编辑"或直接在属性值位置双击鼠标左键，如图 5-66 所示。

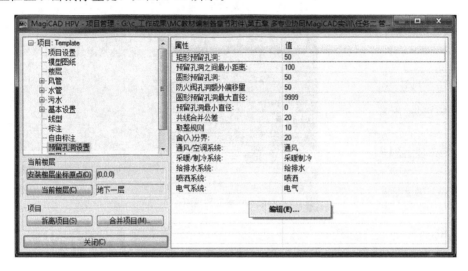

图 5-66

弹出如下对话框，设定相关参数然后单击"确定"按钮，如图 5-67 所示。

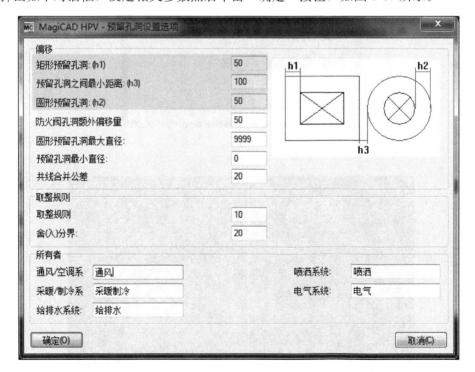

图 5-67

（2）自动预留孔洞

单击"预留孔洞"命令，选择"自动预留孔洞"，如图 5-68 所示。

在平面上框选要进行自动预留孔洞的范围，如图 5-69 所示。

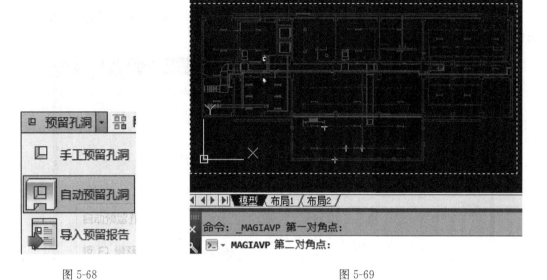

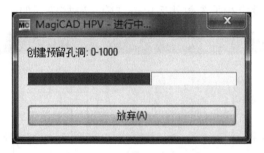

图 5-68   图 5-69

弹出创建预留孔洞的对话框，对话框消失后，预留孔洞创建完成，如图 5-70、图 5-71 所示。

图 5-70

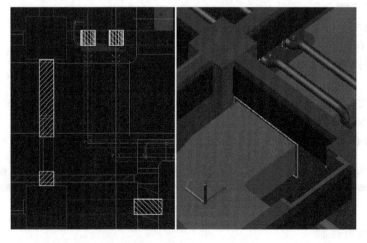

图 5-71

（3）预留孔洞的标注

单击"标注"命令，如图 5-72 所示。

图 5-72

选择已创建好的孔洞，预留孔洞的标注自动生成，如图 5-73、图 5-74 所示。

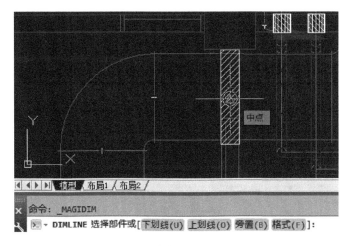

图 5-73

（4）预留空洞的材料清单统计

单击"材料清单"命令，如图 5-75 所示。

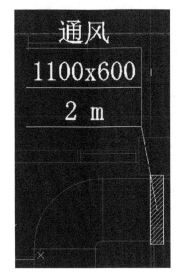

图 5-74

图 5-75

弹出如下对话框，设定相关参数，然后单击"确定"按钮，如图 5-76 所示。

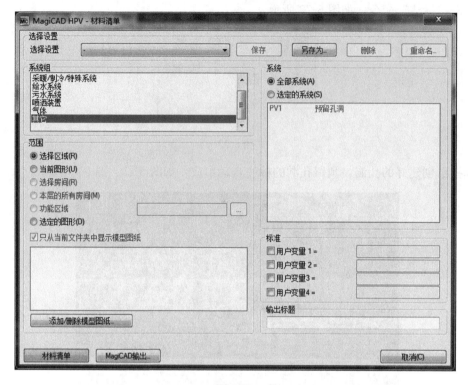

图 5-76

框选要进行材料清单统计的区域，自动生成预留孔洞的材料清单报告，如图 5-77、图 5-78 所示。

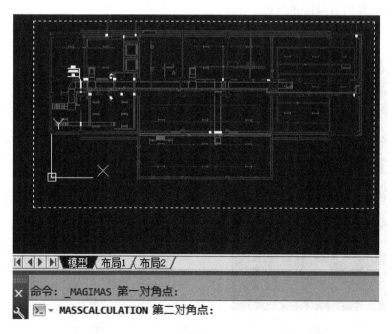

图 5-77

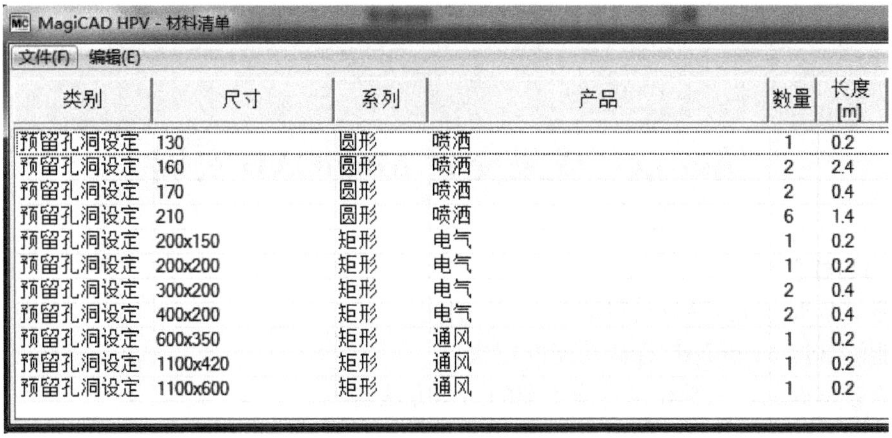
MagiCAD HPV - 材料清单

文件(F)　编辑(E)

类别	尺寸	系列	产品	数量	长度 [m]
预留孔洞设定	130	圆形	喷洒	1	0.2
预留孔洞设定	160	圆形	喷洒	2	2.4
预留孔洞设定	170	圆形	喷洒	2	0.4
预留孔洞设定	210	圆形	喷洒	6	1.4
预留孔洞设定	200x150	矩形	电气	1	0.2
预留孔洞设定	200x200	矩形	电气	1	0.2
预留孔洞设定	300x200	矩形	电气	2	0.4
预留孔洞设定	400x200	矩形	电气	2	0.4
预留孔洞设定	600x350	矩形	通风	1	0.2
预留孔洞设定	1100x420	矩形	通风	1	0.2
预留孔洞设定	1100x600	矩形	通风	1	0.2

图 5-78

第6章 成果交付 MagiCAD 实训

【能力目标】

1. 能够掌握 MagiCAD 材料清单生成的用法。
2. 能够掌握 MagiCAD 标注功能的用法。
3. 能够掌握二、三维相结合施工图的出图方法。
4. 能够利用 MagiCAD 导出 IFC、NWC&NWF 图形文件格式。

6.1 MagiCAD 材料清单生成

6.1.1 任务说明

1. 根据 MagiCAD 深化设计完成的图纸，完成图纸材料清单的统计。
2. 能够掌握 MagiCAD 灵活方便、不同范围选择方式的材料清单统计方法。
3. 能够掌握将 MagiCAD 材料清单导入 Microsoft Excel 的方法。

6.1.2 任务分析

深化设计前后的图纸清单量，一般是不一样的，可以利用 MagiCAD 灵活方便的材料清单统计功能，进行材料清单的统计比较。

进行材料统计的时候，可以分别按"系统组"（专业）、"系统"、"选择区域"、"当前图纸"、"选定的图纸"（多张图纸量）等不同的方式及其组合进行统计对象的选定。

生成的材料清单可以通过"复制至剪切板"，粘贴至 Microsoft Excel 的方法，与 Microsoft Excel 配合，充分利用 Excel 的数据处理能力，对统计出来的材料清单做进一步的处理。

6.1.3 任务实施

1. MagiCAD HPV（风、水专业）材料清单的生成

（1）材料清单的生成

点击 MagiCAD HPV 下"材料清单"命令，如图 6-1 所示。

弹出如下对话框，设定"MagiCAD HPV-材料清单"相关参数，并单击"材料清单"，就会显示出材料清单报告，如图 6-2、图 6-3 所示。

（2）材料清单导入 Microsoft Excel

单击"MagiCAD HPV-材料清单"对话框下的"编辑"并复制到剪切板，如图 6-4 所示。

图 6-1

168

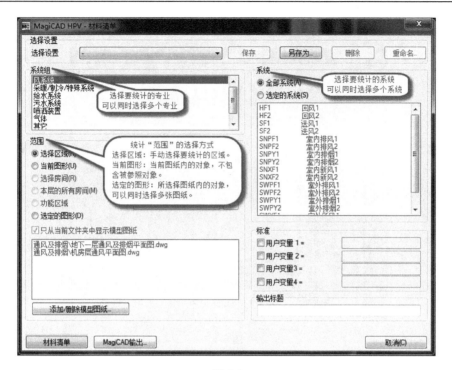

图 6-2

类别	尺寸	系列	产品	数量	长度 [m]	保温层 面积[m2]	厚度 [mm]	展开 面积[m2]
风管	500x250	矩形风管			8.0			11.931
风管	1000x320	矩形风管			21.9			56.893
风管	1000x500	矩形风管			23.3			69.792
风管	500	圆形风管			0.9			1.336
风管	800	圆形风管			1.5			3.790
弯头-90	1000x500	矩形风管		1				3.751
T-连接-90	1000x500/1000x500	矩形风管		3				16.425
变径连接	500/500x250	矩形风管		1				0.471
变径连接	1000x500/1000x320	矩形风管		4				6.000
变径连接	514/500	圆形风管		2				0.807
端堵	500x250	矩形风管		1				
端堵	1000x320	矩形风管		4				
回风设备	400x300	单层百>	AD250-400x300	1				
回风设备	800x800	板式排>	EKO-N-800x800-2	4				
风量调节阀	500	圆管风>	UTT/C-500-500-500	1				0.330
风量调节阀	800	圆管风>	UTT/C-800-800-800	1				0.527
防火阀	500	圆形防>	RABCR-500	1				0.330
防火阀	800	圆管矩>	EDS/C-800-800-800	1				1.054
风机	514	轴流风>	ZLFJ 1-9	1				
风机	800	轴流风>	ZLFJ 1-19	1				
静压箱	1100x1300x1000			1				

图 6-3

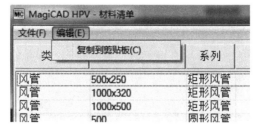

图 6-4

新建 Excel，并粘贴到 Excel 文件内，如图 6-5 所示。

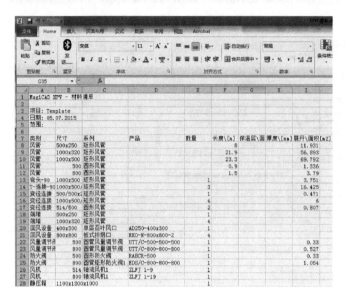

图 6-5

图 6-6

2. MagiCAD-E（电气专业）材料清单的生成

（1）材料清单的生成

点击 MagiCAD-E 下"材料清单"命令，如图 6-6 所示。

弹出如下对话框，设定"MagiCAD-E 统计报告选项"，并单击"确定"，就会显示出材料清单报告，如图 6-7 所示。

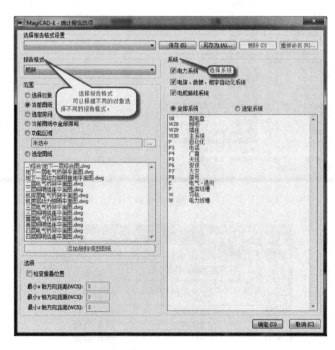

图 6-7

（2）材料清单导入 Microsoft Excel

同 MagiCAD HPV。

6.2　MagiCAD 施工图的生成

6.2.1　任务说明

1. 利用 MagiCAD 深化设计完成图纸的标注。

2. 能够使用 MagiCAD 进行对象线型、颜色等的设定。

3. 能够利用 AutoCAD 布局的功能生成二、三维相结合的施工图。

6.2.2　任务分析

标注包括管线设备构建对象的定位尺寸、文字说明等标注和系统、尺寸、安装高度、流量等的标注。

定位尺寸、文字说明等的标注用 AutoCAD 注释命令（见图 6-8）标注即可。

图 6-8

系统、尺寸、安装高度、流量等的标准，可用 MagiCAD 专用标注命令实现，主要有标注、自动标注两种。

MagiCAD 项目文件是应用 MagiCAD 进行机电设计的核心文件，模型空间对象的一切信息以及相关信息规则的设定都来自于 MagiCAD 项目文件。所以我们进行对象颜色、线型等的设定，也需要利用 MagiCAD 项目文件进行。

6.2.3　任务实施

1. 标注

（1）MagiCAD HPV（风、水专业）对象的标注

1）标注样式的设定

每个专业的每一个对象，在项目的 MagiCAD 项目文件内都有预设好的很多种标注样式和格式，可通过单击右键的方式选择对应的操作，比如常用的有："设置为激活状态"：选择使用该标注样式；"编辑"：对该标注样式修改编辑；"插入"：创建一种新的标准样式。

单击 MagiCAD HPV ![图标]，打开"MagiCAD HPV-项目管理"，如图 6-9 所示。

2）标注

单击 MagiCAD HPV "标注"命令下的"标注"，如图 6-10 所示。

在平面上点击需要标注的构件，如图 6-11 所示。

标注就自动生成，如图 6-12 所示。

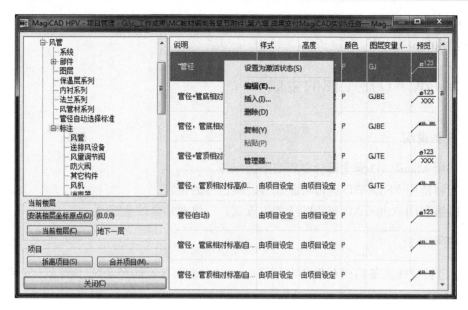

图 6-9

图 6-10

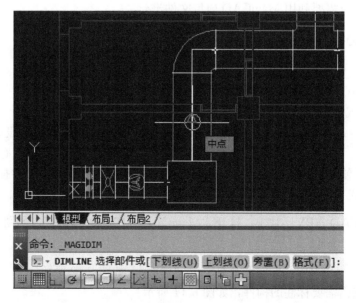

图 6-11

3） 自动标注

单击 MagiCAD HPV "标注" 命令下的 "自动标注"，如图 6-13 所示。

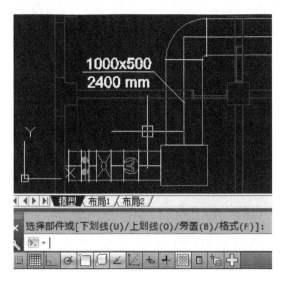

图 6-12

图 6-13

弹出如下对话框，选择需要使用的标注格式，如图 6-14 所示。

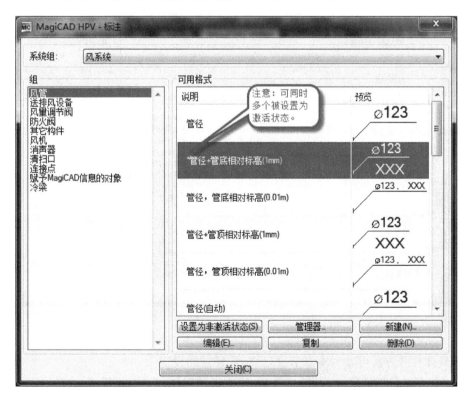

图 6-14

选择 "自动标注" 的格式后，结合 MagiCAD 的选择方式进行标注，如图 6-15 所示。

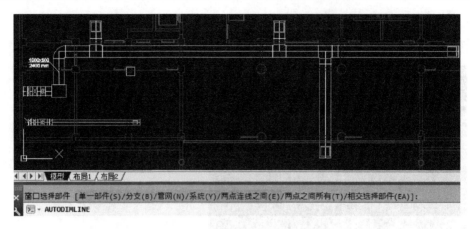

图 6-15

提示：

① 对要标注的对象进行选择的时候，可充分结合 MagiCAD 特有选择方式"单一部件(S)"、"分支（B）"、"两点之间所有（T）"等进行对象的选择。

② 可通过"MagiCAD HPV-尺寸标注格式"设定对话框内"风/水管自动标注设置"进行要标注对象管径和长度的过滤。如图 6-16 所示。

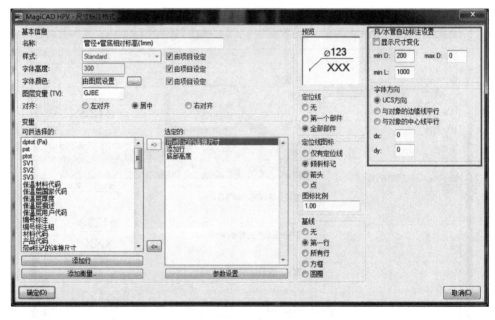

图 6-16

该步具体打开方法可参考本章节"1）标注样式的设定"

结合 MagiCAD 的选择方式进行标注，完成自动标注，如图 6-17 所示。

4）对已标注对象标注样式的修改

选择 MagiCAD HPV 下的"更改特性"命令，如图 6-18 所示。

弹出如下对话框，选择需要更改的标注，如图 6-19 所示。

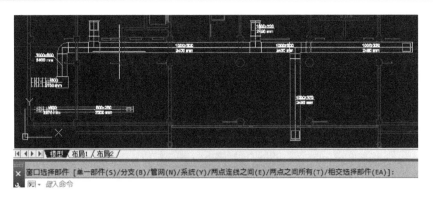

图 6-17

图 6-18

图 6-19

（2）MagiCAD-E（电气专业）对象的标注

1）标注样式的设定

单击 MagiCAD-E ，打开"MagiCAD-E-项目管理"，设定标注格式，如图 6-20 所示。

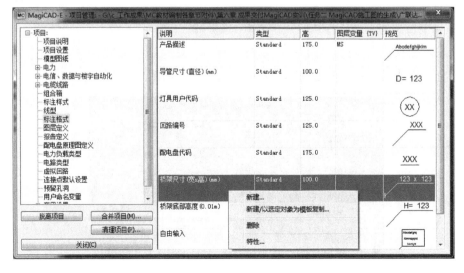

图 6-20

2）标注

单击 MagiCAD-E "标注" 命令下的 "标注"，如图 6-21 所示。

图 6-21

弹出如下对话框，选择标注格式，如图 6-22 所示。

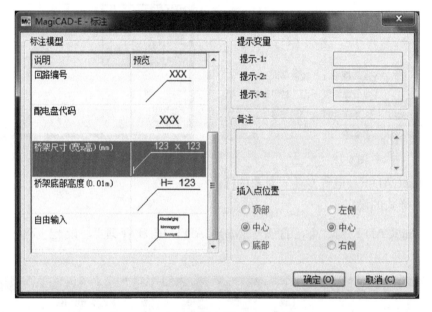

图 6-22

选择标注格式后，在平面上选择需要标注的构件，如图 6-23 所示。

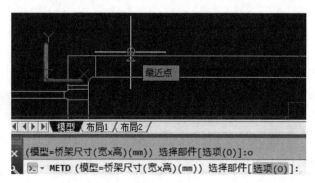

图 6-23

标注就自动生成，如图 6-24 所示。

3）自动标注

MagiCAD-E 下的"自动标注"对电气桥架不起作用，只能对灯具等对象使用。

单击 MagiCAD-E "标注"命令下的"自动标注"，如图 6-25 所示。

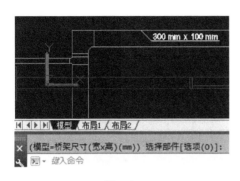

图 6-24   图 6-25

弹出如下对话框，单击鼠标右键，单击"新建"，如图 6-26 所示。

图 6-26

弹出如下对话框，单击"选择"按钮，如图 6-27 所示。

弹出如下对话框，选择"自动标注"格式后单击"确定"，如图 6-28 所示。

点击"确定"后，回到"MagiCAD-E-设备自动标注"对话框，选择新建的自动标注格式，如图 6-29 所示。

结合 MagiCAD 选择方式选择要自动标注的对象，如图 6-30 所示。

提示：

① 可结合"单一部件（S）"、"分支（B）"、"系统（Y）"、"产品（D）"、"高度（E）"等来选择所要被标注的对象。

图 6-27

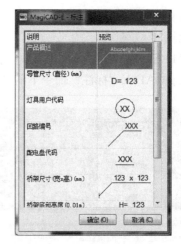

图 6-28

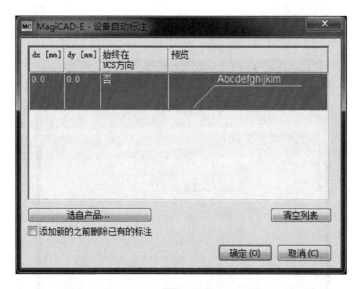

图 6-29

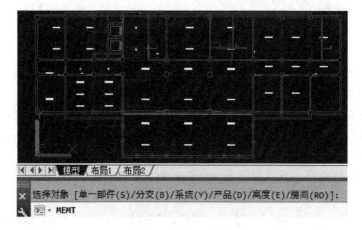

图 6-30

② 电气自动标注目前不能应用于桥架。

结合 MagiCAD 的选择方式进行标注，完成自动标注，如图 6-31 所示。

4）对已标注对象标注样式的修改

选择 MagiCAD-E 下的"更改特性"命令，如图 6-32 所示。

图 6-31　　　　　　　　　　　　　　　　　　　　图 6-32

弹出如下对话框，选择标注样式，完成更改，如图 6-33 所示。

图 6-33

2. 线型、颜色的设定

（1）MagiCAD HPV（风、水专业）对象颜色的设定

单击 MagiCAD HPV 下的"项目管理"命令，选择系统，然后选择要修改颜色的系

统，鼠标单击右键，选择"编辑"，如图 6-34 所示。

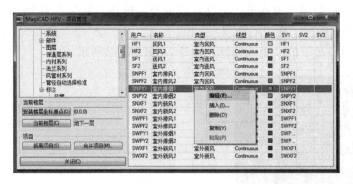

图 6-34

弹出如下对话框，设定颜色，如图 6-35 所示。

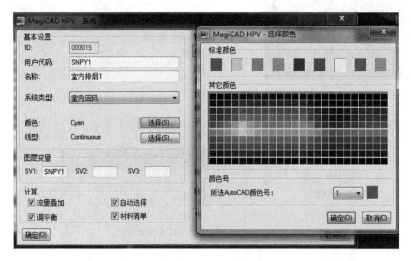

图 6-35

（2）MagiCAD 水专业管线线型的设定

单击 MagiCAD HPV 下的"项目管理"命令，选择水管下的系统，选择要修改线型的系统，鼠标单击右键，选择"编辑"，如图 6-36 所示。

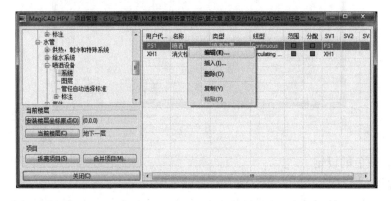

图 6-36

弹出如下对话框，选择需要更改的线型，如图 6-37 所示。

图 6-37

设置好需要更改的线型系统后，回到 MagiCAD HPV 面板下单击"更新图形数据"命令，如图 6-38 所示。

弹出如下对话框，勾选需要更新图新数据的对象特性，如图 6-39 所示。点击"确定"，完成线型更改，如图 6-40 所示。

图 6-38

图 6-39

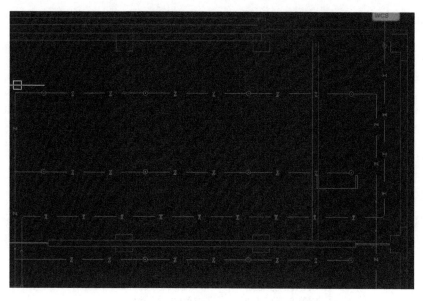

图 6-40

（3）MagiCAD HPV-视口参数配置相关设定

单击 MagiCAD HPV 下的"参数设置"命令下的"HP&V 视口参数设置"命令，如图 6-41、图 6-42 所示。

图 6-41

图 6-42

弹出如下对话框，设定 MagiCAD HPV-视口参数配置，如图 6-43 所示。

（4）MagiCAD-E（电气专业）对象颜色的设定

单击 MagiCAD-E 的"项目管理"命令，选择要修改颜色的桥架产品，鼠标单击右键，选择"特性"，如图 6-44 所示。

弹出如下对话框，设定相关参数，如图 6-45 所示。

设置好需要更改的线型系统后，回到 MagiCAD-E 面板下单击"更新图形数据"命令，如图 6-46 所示。

弹出如下对话框，选择要更新的图形数据后，单击"确定"，如图 6-47 所示。

3. 打印出图

打印出图就是利用 AutoCAD 的打印功能，相比传统的纯二维，我们可以利用布局视口，选择二、三维相结合的方式进行出图，如图 6-48 所示。

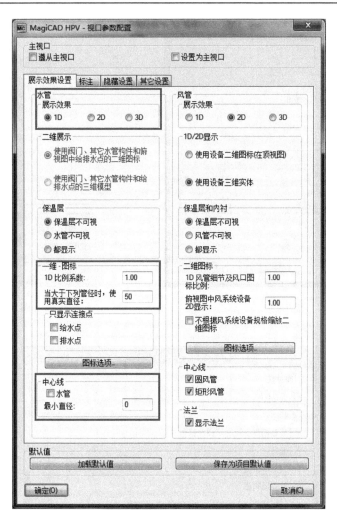

图 6-43

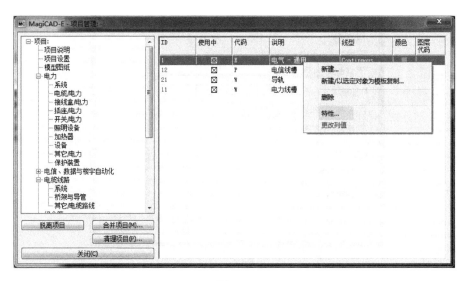

图 6-44

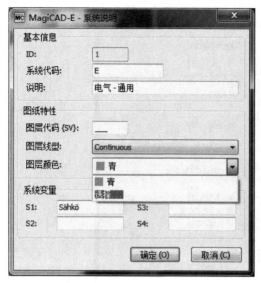

图 6-45

图 6-46

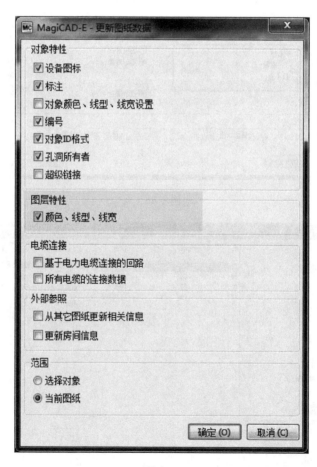

图 6-47

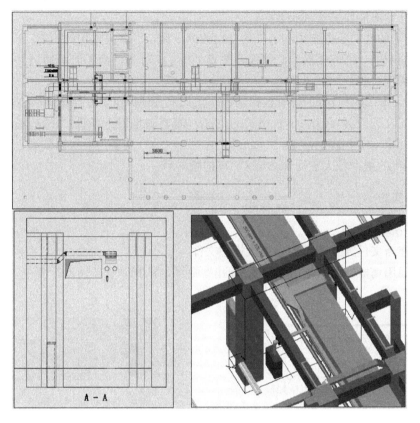

图 6-48

6.3 IFC、NWC&NWF 格式的生成

6.3.1 任务说明

1. 能够利用 MagiCAD 完成 IFC 格式的导出。

2. 能够利用 MagiCAD 完成 NWC&NWF 格式的导出。

6.3.2 任务分析

IFC 格式是国际上通用的一种图形文件格式，BIM 相关软件之间进行数据的传递，很多都需要用该格式文件，比如 MagiCAD for AutoCAD 模型文件就是通过 IFC 与广联达 5D 进行数据传递的。

只要安装了 MagiCAD，就可以直接进行 IFC 格式的导出。MagiCAD 可以按楼层、按专业甚至按对象灵活设定要导出 IFC 格式的对象，但是 HPV（风、水专业）与 Electrical（电气专业）不能同时导出，只能分开导出，如需要在一个 IFC 文件内包含所有专业内容，可通过导出一个专业的全楼 IFC 模型后，在另一个专业导出 IFC 模型时，选择"添加到现有文件"的方式实现。利用 MagiCAD 进行 IFC 格式文件导出时，需注意以下事项：

（1）电气专业需要关联楼层数据；

（2）HPV 的楼层数据必须和电气的楼层数据一致，尤其是楼层的 z 值；

（3）不同专业、不同楼层，必须保证原点的 x、y 对齐，而不能是通过外部参照插入点的调整来实现对齐。

NaviseWorks 具有较好的仿真模拟功能，可以利用 MagiCAD 导出 NWC&NWF 格式文件，与其配合进行 NWC&NWF 格式的生成，需要满足以下条件：（1）安装了 Navisworks Manage；（2）Navisworks Manage 是在 AutoCAD 安装之后进行安装；（3）Navisworks Manage 的版本号大于等于 AutoCAD 的版本号。

6.3.3 任务实施

1. IFC 格式的生成

（1）创建新文件方式导出 IFC 格式模型文件

单击"通用功能"面板下的"导入/输出"命令，选择"IFC 输出"命令，如图 6-49、图 6-50 所示。

图 6-49

图 6-50

弹出如下对话框，设定相关参数，指定 IFC 导出路径，如图 6-51 所示。

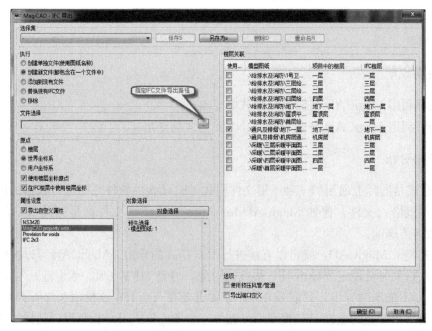

图 6-51

设置好 IFC 导出设置后，点击"确定"，如图 6-52 所示，完成 IFC 导出，如图 6-53 所示。

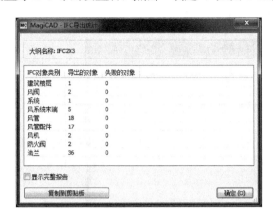

图 6-52

图 6-53

（2）添加到现有文件的方式导出 IFC 格式模型文件

单击"通用功能"面板下的"导入/输出"命令，选择"IFC 输出"命令，如图 6-54 所示。

图 6-54

弹出如下对话框，设定相关参数，其他保持默认，如图 6-55 所示。

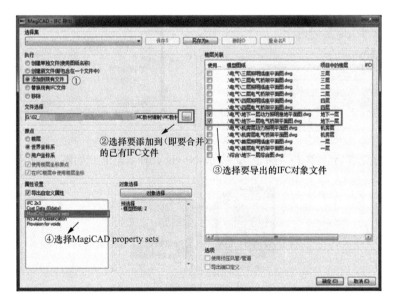

图 6-55

设置好 IFC 导出设置后，点击"确定"，弹出如下对话框，如图 6-56 所示。点击"确定"关闭该对话框，完成 IFC 添加到现有文件的导出。

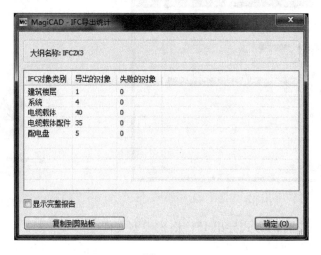

图 6-56

2. NWC&NWF 格式的生成

单击面板下"导入/输出"命令，选择"Navisworks 输出"命令，如图 6-57 所示。弹出如下对话框，设定相关参数，如图 6-58 所示。

图 6-57   图 6-58

设定好导出设置后，单击"确定"，完成 Navisworks 导出，如图 6-59 所示。

图 6-59